드론촬영! 초보에서 실무까지

드론
항공촬영의 모든 것

책을 쓰면서

2011년 크리스마스 즈음 프랑스의 세계적 항공사진 작가 얀 아르튀스 베르트랑(Yann Arthus Bertrand)[1]
의 「하늘에서 본 지구」라는 책을 접한 적이 있다.
서점에 있는 견본을 보며 한동안 말없이 나의 시선은 사진집 위에 머물러 있었다. 마치 길을 지나다 꿈
에서 본 이상형을 만난 듯 한동안 그 책의 이미지들이 머릿속을 떠나지 않았다.

큰마음 먹고 구입해 볼 요량이었으나 당시 직장생활과 학업을 함께 하는 학생이 구입하기에는 상당히
고가의 책이라 다음 기회를 약속할 수밖에 없었다. 당시만 해도 항공촬영이라고 하면 헬리콥터나 비행
기에서 지상을 촬영하는 것이 대부분이었다. 그리고 그렇게 촬영한 이미지나 영상들은 상당히 고가의
작품이 되었다.

필자는 원래 다큐멘터리 방송제작을 주로 하였다. 초창기에는 게임관련 영상이나 예능프로그램도 했지
만 개인적인 성향에 잘 맞는 것은 휴머니즘이 묻어나는 다큐멘터리가 좋았다. 다큐멘터리에 매료되었던
것은 아마도 처음 보았던 사진집의 잔상이 영향을 주었을지도 모르겠다.
종종 방송아카데미나 대학에서 영상제작에 관한 강의도 있었는데 강의를 할 때마다 느끼는 것은 머릿
속의 경험만으로 강의하는 것보다 기존의 방송프로그램 자료나 영화 장면들을 보며 강의하는 것이 보
다 효과적이라는 것을 알게 되었다.

20여년의 방송제작 생활 중 드론의 항공촬영 분야가 눈에 들어오면서 지난 방송생활을 잠시 접어둔 채
본격적으로 항공촬영에 대한 공부를 하게 되었다.

---

1) Yann Arthus Bertrand, 프랑스 사진작가, 1991년 항공사진가 사진배급사 'Altitude Agency' 설립, 쓰나미 참사현장, 카
트리나 피해 현장을 항공에서 사진촬영하였다.

처음 항공촬영을 배울 당시에는 선임을 따라 이곳저곳 다니면서 어깨 너머로 습득하거나, 기본적인 기체의 오류점검이나 오류 발생 시 조치방법 등을 세세하게 배울 수 있었다.

이 책에는 그때 배운 것들은 물론 이후 익혀온 여러 가지 방법들을 기술할 것이다. 사실 이 책에 쓰여진 용어들은 명확한 항공촬영 용어가 아닐 수도 있다는 생각을 한다. 대부분은 일반적인 그라운드 촬영에 나오는 촬영용어들이 많으며, 몇 가지는 필자가 용어를 조합하여 만들어 낸 것들도 있기 때문이다.
이러한 노하우들이 쌓일 수 있었던 것은 그동안 많은 선후배님들의 조언과 도움이 있었으며, 필자 역시 기체나 촬영을 위한 비행기술을 조금이라도 더 개발하고 익히고자 노력하였다.

물론 다른 항공촬영 전문가들이 보기에 필자가 기술한 내용들이 부족하거나 일부 수정이 필요한 부분이 눈에 띌 수도 있을 것이다. 그럼에도 불구하고 이 책을 출간하고자 하는 것은 누구라도 빠르고 쉽게 항공촬영에 대한 궁금증이나 기술들을 익힐 수 있도록 하고자 함이며, 이 책에 대한 선후배님의 제언이라면 언제라도 겸허히 받아들여 반영하도록 할 것이다.
이 책은 철저하게 항공촬영의 초보자를 위하여 쓰인 책이다. 그렇기 때문에 사용된 용어나 표현방식이 상당히 유치하게 보여질 수도 있겠지만, 조금이라도 더 친근하게 다가가며 누구나 필요한 항공촬영의 기초를 배울 수 있을 것이라 생각한다.

끝으로 도움을 주신 김동우, 김웅호, 김재철, 김준호, 김형윤, 박장순, 서일수, 심민보, 신준혁, 전시교, 전혜연, 황창근, 그리고 나의 어머니께 감사드리며, 이 책을 읽는 누구라도 취미든 생업이든 도움이 되기를 바라며, 모두 안전하고 즐거운 항공촬영을 하는 멋진 작가가 되기를 소망한다.

저자 고경모

추천사

어느 비 갠 오후, 우리 집 강아지와 집 근처 안양천변을 산책하고 있었다. 밝은 햇살이 눈부신 날이었다. 오랜만에 미세먼지로부터 해방된 상쾌한 오후였다. 젊은이들의 긴 킥보드 행렬이 파란 하늘을 더욱 싱그럽게 해 준다. 잠시 강아지와 길가 벤치에 앉으며 주머니 속 핸드폰을 꺼낸다. "어, 경모네?!" 맑은 하늘에 취해 전화벨소리를 듣지 못했나 보다.

반갑고 또 미안한 마음에 얼른 전화를 건다. "사장님!"하는 귀에 익은 목소리가 들린다. 그리고는 침묵, 아무 말이 없다. 순간, '무슨 일이 있나?' 당황스럽기도 했지만 짐짓 여유로운 척 소식을 묻는다. 오랜만의 통화다 보니 궁금한 게 많았다. 그러나 돌아오는 답은 언제나처럼 "예, 아니오."가 전부다. 전화 걸었던 사람 맞나 싶을 정도다.

숨 막힐 것 같은 통화지만, 그래도 반가운 마음에 10여 분간 이런저런 이야기를 물어 힘겹게 답을 얻어냈다. 대충 궁금증이 해소되고 상대방이 말이 없자, 일상처럼 하는 말 "조만간 술 한잔하자."며 전화를 끊으려 하는데 "저, 사장님!"하는 소리가 들린다. 짧은 침묵과 더듬거림이 다시 반복된다. "이런 부탁을 드려도 될지..." 또 더듬거린다.

드론 항공촬영의 모든 것의 추천사는 이런 답답한 과정을 거쳐 나오게 된다. 필자 고경모는 이런 사람이다. 말이 없는 사람, 수줍음을 많이 타는 사람이다. 그러나 누구보다 뜨거운 사람, 마음속의 열정이 활활 타오르는 사람이다. 이것이 그의 원동력이다. 방송사 PD로 출발한 그가 드론을 이용한 항공촬영 작가의 길을 개척할 수 있었던 힘의 원천이다.

필자 고경모와는 20년 지기다. 게임전문 위성방송 스카이 겜TV의 대표이사와 PD로 처음 만났다. 그가 지금도 '사장님'이라고 부르는 이유다. 그 사이 나는 방송에서 출발해 한류학이라는 새로운 분야를 개척한 학자로 변신했다. 필자 고경모는 지금 방송PD에서 항공촬영 저술가로 새로운 변신을 시도하고 있다. 남이 가지 않은 거친 길을 헤쳐가고 있다. 데자뷰라고나 할까? 그의 모습에서 나를 발견한다. 그가 완성해갈 드론의 세계, 항공촬영의 세계가 궁금해진다.

박 장 순
홍익대학교 영상대학원 교수
사단법인 한국방송비평학회장

목차

제3장 **촬영모드와 기법**

제1장
항공촬영의 기초지식

01 항공촬영 활용 분야

항공촬영을 하기 위한 '드론'에 대해 알아보도록 하자.

드론의 사전적 의미는 '낮게 웅웅거리는 소리'를 뜻하며, 수벌(Male Bee)이 날아다니며 웅웅대는 소리에 착안해 붙여졌다는 가설과 영국의 표적기 이름이 퀸비(Queen Bee)라 칭하고 있던 중 영국 여왕의 존엄성에 문제가 있다고 하여 수벌(Drone)이라고 부르게 된 가설이 유력하다.

다른 의미로는 드론은 조종사가 탑승하지 않고 무선전파의 유도에 의해 비행과 조종이 가능한 비행기나 헬리콥터 모양의 무인비행체를 뜻하기도 한다. 드론은 애초 군사용으로 개발되었지만, 이제는 고공영상·사진 촬영과 배달, 기상정보 수집, 농약 살포 등 다양한 분야에서 활용되고 있다.

위키백과사전에는 '무인 항공기(無人航空機, Unmanned Aerial Vehicle, UAV), 무인 비행기(무인기) 또는 드론(Drone)은 조종사(Human Pilot)가 탑승하지 않은 항공기(비행기)이다. 지상에서 원격조종, 사전 프로그램된 경로에 따라 자동 또는 반자동(Semi-auto-piloted)형식으로 자율비행하거나 인공지능을 탑재하여 자체 상황에 따라 임무를 수행하는 비행체와 지상통제장비(GCS ; Ground Control Station/System) 및 통신장비(데이터 링크) 지원장비(Support Equipments) 등의 전체 시스템을 통칭한다. 무선기를 조종하는 컨트롤러가 필요하지 않을 수 있다.'라고 기술되어 있다.

또한 무인 항공기는 독립된 체계 또는 우주/지상체계들과 연동시켜 운용한다. 활용 분야에 따라 다양한 장비(광학, 적외선, 레이더 센서 등)를 탑재하여 감시, 정찰, 정밀공격무기의 유도, 통신/정보중계, EA/EP[1), Decoy[2) 등의 임무를 수행하며, 폭약을 장전시켜 정밀무기 자체로도 개발되어 실용화되고 있어 향후 미래의 주요 군사력 수단으로 주목을 받고 있다. 최근 몇 년 간 빠른 성장이 이루어지고 있는 추세로 2017년 6월 아마존은 드론 이착륙 센터에 대한 특허 출원을 하기도 했다.

항공촬영에 대한 부분이 이 책의 주요 내용으로 자리 잡고 있지만 드론의 개념을 조금 더 확장해 본다면 공중을 비행하고 있는 무인멀티콥터만 드론이라고 칭하기에는 오류가 있다. 영화 아이언맨 중 한 과학자가 사람 모양의 로봇들을 원격으로 조종하는 장면이 나오는데, 이때 각각의 개체들을 드론이라고 하는 장면을 볼 수 있다. 그리고 일부 국가에서 실제 RC(Radio Control)를 응용해 활용되는 몇몇 소방, 경찰, 군사용 등의 기기들을 살펴보면 땅 위를 다니거나 수중을 탐사하는 보조기구들을 드론이라고 부르기도 한다.

이러한 차원에서 본다면 '드론'의 활용 분야는 그 범주가 상당히 넓으며 이에 따라 영상의 활용도 확대될 가능성이 매우 크다.

---

1) 전자공격(EA ; Electronic Attack)의 약자로, 전자방해책(ECM)의 사용과 관련하여 전자기 에너지에 직접 영향을 미칠 의도로 인력, 시설 또는 장비를 공격하여 전자기 방사 무기를 무력화하여 전투 능력을 파괴하는 것을 말한다. 전자공격의 예로써 통신 방해, 레이더 교란, 지향성 에너지 무기/레이저 공격, 소모성 유인체(플래어 및 채프) 및 무선·원격조종 급조폭발물(RCIED) 등이 있다.
전자보호(EP ; Electronic Protection)의 약자로, 상대의 전자 공격(EA) 활동에서 자기편의 부대, 장비, 작전 목적을 보호하는 모든 활동을 말한다. 전자보호는 자기편의 전자공격의 영향을 회피하기 위해서도 이용된다(출처 : 위키피디아).
2) 미끼를 칭하는 군사용어로 전쟁에서 군사장비의 실제처럼 보이나 그보다 저가장치로 적의 군대를 속여서 공격하기 때문에 아군의 실제장비를 보호할 수 있다(출처 : 위키피디아).

우선 '드론'의 범주와 개념을 넓게 살펴보자.

무선조종(RC) 차량에 카메라를 장착하여 각종 영상 제작을 할 수 있으며, 일부 기업은 영화의 한 장면을 촬영할 때 사용되는 와이어캠(Wirecam)을 활용하여 바람에 취약한 교각의 안전점검을 하는 데 활용하기도 하였다. 이는 엄밀히 말하면 '항공촬영'의 범주에서는 벗어나지만 좀 더 생각의 범위를 넓혀 판단할 가치가 충분하다는 것이다.

대중 매체를 통해 드론과 관련된 산업들을 '4차 산업'이라고 하는 것을 많이 들었을 것이다. 그런데 바로 그 4차 산업인 드론이 1,2차 산업에 관여하여 아주 좋은 효과를 보여 주는 사례도 많다.

쉬운 예로 농업에 드론을 활용하여 방제작업을 실시하는 모습을 많이 보았을 것이다. 물론 엄밀히 따진다면 방제작업은 항공촬영과는 깊은 연관이 없는 것이 사실이다.

그러나 이를 응용하여 드론에 장착된 카메라를 통해 상공에서 작물의 생장상태를 확인할 수 있게 되었다. 이 역시 항공촬영의 범주에 속하며 이를 활용하여 보다 효과적으로 농작물을 관리할 수 있게 되었다.

드론에 장착된 카메라를 이용해 활용할 수 있는 분야는 상당히 많다. 드론의 비행을 활용하면 일단 사람이 일일이 건물의 외벽을 확인하는 것보다 좀 더 쉽게 고층 건물의 외벽을 점검할 수 있다. 그리고 교각, 원전, 기밀시설, 발전소, 댐 등 각종 외부의 육안점검을 대신할 수 있는 모든 분야에 드론이 활용될 가능성은 매우 크고 그 시장 규모 M/S(Market Share)[3] 역시 무궁무진하다.

또한, 점검과 더불어 작업장의 비산먼지 감시나 오염지역의 감시 등을 할 수 있으며, 공공의 안전을 책임지는 경찰이나 소방의 감시 정찰에 활용되어 그 역할을 충실히 수행할 수 있다. 특히, 드론 기체에 우리가 사용하는 일반적인 카메라만 장착되는 것은 아니다. 예를 들어 열화상 카메라, 적외선 카메라, 야간투시 카메라 등 각종 특수 카메라를 활용해 실종자의 수색을 돕거나 화재의 근원지 확인, 건물의 외벽이나 굴뚝의 균열 등을 확인할 수 있다.

2019년 강원도의 큰 산불로 인해 수많은 인명과 재산에 피해를 입게 되었을 때도 드론의 활약은 진화작업에 많은 도움이 되었다.

특히, 이러한 특수 카메라는 작물이 병충해를 입는 상황도 확인이 가능하므로 농작물 생산성에

---

3) MS(Market Share) : 시장 점유율, 자사의 상품이 동종업계 전체의 판매량을 차지하는 비율로 본 책에서는 RC와 연관된 촬영 분야의 점유율로 한정할 수 있다.

도 도움을 주고 있다.

다시 정리하면 사용목적에 따라 농업용, 레이싱용, 군사용, 감시/정찰용, 의료용, 영상촬영용, 산업용 등 상당히 많은 분야에 여러 종류로 분류되어 있다.

이 책을 볼 때 유명 동영상 포털 사이트를 검색해 보면 다양한 항공촬영 영상을 만날 수 있다. 재미있는 영상 중의 하나는 360°로 볼 수 있는 영상인데, VR기어로 감상할 경우 시선을 돌리는 방향대로 영상을 확인할 수 있으며, 또한 마우스 커서를 화면 내에서 보고 싶은 곳으로 이동시키면 원하는 대로 볼 수 있다. 이 역시 드론에 장착된 360° 카메라를 통해 촬영된 영상들이며, 이러한 영상들은 홍보용으로 많이 활용되고 있다. 이와 비슷한 영상으로 파노라마 이미지도 촬영이 가능하며 경관촬영이나 모델하우스 홍보용으로 촬영한 분야도 확인할 수 있다.

항공촬영의 본래 목적으로 돌아가서 생각해 본다면 바로 지적도, 지형도의 촬영을 할 수 있다는 것이다. 최근 이 촬영영상 기술의 발전으로 3D[4] 입체지도 제작까지 가능해졌다.

촬영한 영상은 3D 맵핑 프로그램(pix4d, 포토스캔 등)을 통해 데이터를 수집한 후 이를 GIS[5] 또는 캐드와 연동시켜 원하는 지역을 입체화시킬 수 있다. 이 입체 데이터는 매년 데이터의 축적으로 지형의 변화나 도시 개발을 위한 기본 자료로 활용할 수 있는 좋은 정보를 제공할 것이다.

이와 같이 각종 분야와 관련기술의 융합을 통해 4차 산업 분야의 하나인 초경량무인비행장치는 항공촬영 발전의 기틀을 마련하였고, 그 응용범위 또한 무궁무진하다.

---

4) 3D는 3차원(Three Dimensions, Three Dimensional)의 약자이다.
5) GIS는 현대 과학기술의 성과를 끊임없이 포용해 왔다. GIS는 'Geographic Information System'의 준말로 지리정보시스템이라고 하며 지리정보체계(地理情報體系)라고도 한다. 영어에서 Geo는 땅(Earth)을 뜻한다. Geo-graphic은 땅을 그래픽으로 시각화했다는 뜻으로, 전통적인 '지도'와 'GIS'의 가장 큰 차이점은 기반이 종이인가 컴퓨터인가에 달렸다. GIS는 지리공간정보를 체계적으로 구축하고 관리하고 수정하며 분석할 수 있는 컴퓨터기반시스템이다. GIS는 지리공간상의 각종 자연물과 인공물에 대한 속성정보와 위치정보를 컴퓨터에 입력하여 각종 계획 수립과 의사결정을 지원하는 정보시스템이다. 국가 단위의 지리정보는 크게 11개로 분류되는데 ① 건설·교통, ② 농림·산림, ③ 도시·기간시설, ④ 문화관광·생활, ⑤ 소방방재·치안, ⑥ 자연·생태, ⑦ 지적·토지, ⑧ 지형·영상, ⑨ 해양·수자원, ⑩ 행정·통계, ⑪ 환경·대기 등이다(출처 : 다음백과사전).

02 항공촬영의 역사

항공촬영의 기본 개념은 항공기나 다른 비행체에서 사진을 찍은 것으로 보통 공중에서 지상의 물체를 목표로 촬영하는 것을 말한다.[6]

항공촬영은 본명이 가스파르 펠릭스 투르나숑(Gaspard Felix Tournachon)인 나다르(Nadar)라는 프랑스 사진작가에 의해 최초로 실행되었는데(1858), 이후 영국의 기상학자가 연에 카메라를 장착하여 촬영하면서 점차 발달하게 되었다(1882). 한 가지 아쉬운 점은 나다르가 제작한 사진은 더 이상 존재하지 않는다. 특히 이후 세계대전을 겪으며 첩보활동을 목표로 전쟁 말미에 항공촬영 기술이 발달하여 오늘날에 이르게 되었다.

[7]

Brooklyn Museum Nadar Élevant la Photographie à la Hauteur de l'Art Honoré Daumier(1882년)

6) 항공기에서 다른 항공기를 촬영하는(공대공 촬영) 것은 추적비행촬영이라고 한다.
7) https://en.wikipedia.org/wiki/Aerial_photography

연 사진 기술을 사용하여 촬영된 골동품 엽서(1911년경)

연 항공사진은 1882년 영국의 기상학자인 ED Archibald에 의해 개척되었다. 그는 공중에서 사진을 찍기 위해 타이머를 사용하여 촬영하였다.

기자의 피라미드 촬영, 에두아르드 스펠 티니(1904년)

통조림, 통신, 레이더, 관측 등 대부분의 산업이 전쟁을 통해 발전되어 왔다. 그중 항공촬영 역시 제1차 세계대전을 통해 많은 발전을 해 왔고 독일군은 이를 군사목적으로 적극 활용하였다.

8), 9) https://en.wikipedia.org/wiki/Aerial_photography

10)

독일의 관측 비행기 Rumpler Taube

정찰기에는 적의 움직임과 방어력을 기록하는 카메라가 장착되어 있었기 때문에 전쟁 중에 항공사진을 향상시킬 수 있었다. 전쟁이 시작될 즈음에는 항공사진의 유용성은 완전히 평가되지 않았고 정찰은 공중에서 스케치를 한 지도 정도로 활용되었다. 그러나 이후 항공사진이 전략적으로 재평가되면서 기술의 발전을 이루게 되었다.

독일은 1913년에 최초의 접이식 카메라인 괴르츠(Görz)[11]를 채택했으며, 이에 프랑스군은 정찰용 카메라가 장착된 관측 항공기와 전투를 벌이기도 하였다.

최초의 실용적인 공중 카메라는 Thornton-Pickard 회사의 도움을 받아 1915년 John Moore-Brabazon 선장이 발명했으며, 항공사진의 효율성을 크게 향상시켰다. 이 장비는 항공기의 바닥에 카메라가 삽입되어 조종사가 주기적으로 촬영할 수 있었다. 무어-브라바존(Moore-Brabazon)이라는 인물은 입체촬영 기술을 발달시켰는데 항공사진 촬영에 응용한 기술은 다양한 각도에서 촬영한 사진을 풍경과 비교하여 물체의 높이를 식별할 수 있게 되었다. 이것은 오늘날 3D 항공사진을 제작하는 데 밑거름이 되고 있다.

10) https://en.wikipedia.org/wiki/Aerial_photography

11) 제1차 세계대전 중 Goerz(Görz)의 주사용은 독일과 오스트리아 군대였다. Goerz는 Anschütz 스트럿 폴딩 카메라이며, 이후에 Zeiss Ikon으로 계승된다. Goerz(Görz)의 광학기술은 제1차 세계대전의 초기 단계에서 경험한 군용 저격 소총이 부족한 상황에서 발전하여 현재 스포츠 라이플용 텔레스코픽 시리즈를 만들기에 이르렀다.

항공촬영에 활용된 괴르츠 카메라

전쟁이 끝날 무렵 공중 카메라는 해상도가 급격히 증가했으며, 군사적 중요성을 입증하면서 점점 더 자주 사용되었다. 1918년 전쟁이 시작된 이래로 50만여 장의 사진을 찍었으며, 1918년 1월 알렌비(Allenby) 장군은 터키 정면의 지도를 수정하고 개선하기 위해 팔레스타인에서 624평방 마일(1,620km²)의 지역을 촬영하기 위해 제1비행대 소속 AFC의 5명의 호주 조종사를 고용하였다. 이것은 항공지도 제작을 위한 사진술의 원조격이 되었다.

1912년 영국의 왕립 비행군단(No.1 Squadron RAF)의 제1비행 중대 소속의 프레데릭 찰스 빅터 로스(Frederick Charles Victor Laws)는 영국의 비행 가능 구역에서 사진 촬영을 시작했다. 그는 입체 효과를 창출하기 위해 60% 중복된 세로 사진을 사용하였으며, 이는 항공사진에서 얻은 정보와 지형도 작성에 도움이 될 수 있는 심도 있는 사진이라는 것을 알게 되었다. 이 기술은 지금까지 항공촬영을 할 때 정확도를 높이기 위해 활용되고 있는 기법이다.

12) https://en.wikipedia.org/wiki/Goerz_Minicord
13) https://en.wikipedia.org/wiki/Goerz_(company)

상업용 항공사진은 전쟁 직후 본격적인 활동을 하게 되었다.

영국 최초의 상업용 항공사진 촬영 회사는 1919년 제1차 세계대전 참전용사 프란시스 윌스 (Francis Wills)와 클로드 그레이엄 화이트(Claude Graham White)가 설립한 에어로필름사 (Aerofilms Ltd.)였는데, 이 회사는 곧 아프리카뿐만 아니라 아시아 및 영국의 주요 업체와 계약하면서 사업을 확장했다.

항공사진 촬영의 또 다른 성공적인 개척자는 미국의 셔먼 페어차일드(Sherman Fairchild)였다. 페어차일드는 자체 항공기 회사인 페어차일드 항공기(Fairchild Aircraft)를 시작하여 고공비행 측량 임무를 위한 특수 항공기를 개발하고 제작하였다. 1935년에 한 대의 페어차일드 공중측량 항공기가 두 개의 동기화된 카메라를 결합하였고, 각 카메라는 10인치 렌즈가 있는 6개의 6인치 렌즈를 가지고 23,000피트에서 사진을 찍었다. 각 사진은 225스퀘어 마일을 촬영할 수 있었다. 또한 최초로 정부에서 발주하는 계약을 성사시켰는데, 토양 침식을 연구하기 위해 뉴멕시코주에 대한 항공조사를 위한 촬영이었다. 1년 후에는 30,000피트에서 촬영 시 한 장당 600평방 마일의 사진을 찍을 수 있는 9개 렌즈가 장착된 고고도(High Altitude, 高高度) 카메라를 도입하였다(출처 : 위키백과).

1932년 뉴욕시, Fairchild Aerial Surveys Inc.의 항공사진

14) The center of New York, In: "Flug und Wolken" (Flight and Clouds), Manfred Curry, Verlag F. Bruckmann, München (Munich), 1932.

03 조종기 잡는 방법

　운동경기를 할 때 제일 처음 배우는 것은 기본자세이다. 태권도, 야구, 축구, 수영 등 모든 스포츠 입문 시 항상 기본자세를 중요시하는 이유는 기본자세가 되어 있어야 다음 동작이 쉽게 이어지며, 경기 중 몸이 다치는 경우도 상대적으로 적어지게 된다. 항공촬영 역시 기본파지법이 올바르게 되어야 비상상황이나 급기동을 해야 하는 순간에 정확하게 기체를 원하는 위치로 조종할 수 있으며, 추가로 발생할 수 있는 사고를 미연에 방지할 수 있기 때문이다.

　예를 들어, 자동차를 운전할 때 앉아 있는 자세가 불안정하면 위험한 상황에 급브레이크를 밟지 못해 더 큰 사고를 초래할 수도 있다. 조종기 파지법 역시 같은 맥락이라고 생각한다.

　만약 무인항공교육원에서 면허 교육과정의 수업을 받은 사람이라면 가장 처음 안전교육과 더불어 조종기 잡는 방법에 대한 설명을 들었을 것이다.

　교관들이 직접 나서서 조종기 잡는 방법 하나하나를 설명해 주는 이유는 바로 안전과 정확한 조종을 하기 위해서이다. 그만큼 조종기 파지법은 중요하다.

먼저 조종기 스틱을 관찰해 보면 나사처럼 돌려서 뺄 수 있는 부분이 있는데 이 부분을 돌려서 자신의 손가락에 맞는 길이로 맞추어 사용할 수 있다. 또한 애프터마켓에서 별도로 특색 있는 조종기 스틱을 구매해 자신만의 개성을 뽐내기도 한다.

조종기 스틱에 삐죽하게 나와 있는 돌기는 손가락에 땀이 나 미끄러져 조종이 위험해지는 것을 방지한다.

조종기 스틱을 돌려서 높낮이를 조절하는 모습

조종기 파지는 보통 엄지손가락 끝으로 조종기 스틱을 잡는 것이 안정적이다. 손바닥은 가볍게 조종기 옆면을 움켜쥐며 나머지 손가락으로 조종기의 뒷면과 토글스위치를 바꾸기 쉽도록 위치해 잡는 것이 요령이다.

조종기의 기본 파지법

다른 파지법으로는 엄지와 검지로 양옆을 잡는 핀치조종법과, 엄지는 위로 잡고 검지는 옆으로 잡는 하이브리드 조종법이 있다. 이 조종법은 조종기 스트랩을 함께 사용해야 안정적으로 조종할 수 있다.

핀치조종 방식으로 잡은 스틱

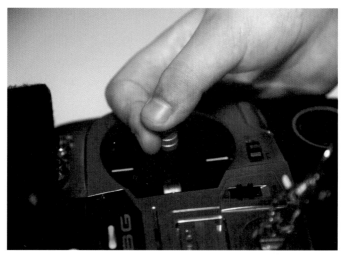

하이브리드 방식으로 잡은 스틱

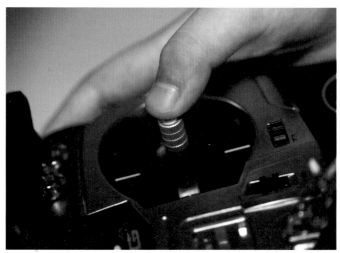

엄지조종 방식으로 잡은 스틱

　그 이유는 그냥 엄지로 잡을 때와는 달리 엄지 외의 다른 손가락들이 조종기의 뒷면을 모두 움켜쥐기 때문에, 힘이 부족하여 자칫하면 조종기를 놓치게 될 수 있으며, 이때 큰 사고로 이어질 수 있기 때문에 엄지와 검지로 조종기 스틱을 잡고 조종할 경우에는 필히 조종기에 스트랩을 연결하여 몸에 걸고 조종하는 것이 안전하다.

조종기를 잘 살펴보면 기체의 비행을 담당하는 스틱과 주변의 각종 토글스위치를 볼 수 있다. 이 스위치들은 각각의 작동 임무를 별도로 부여할 수 있다.

예를 들어 리턴투홈 기능, GPS모드, ATTITUDE모드, MANUAL모드, 랜딩기어 접기, 카메라 짐벌의 각도, 카메라 셔터, 농업용 드론의 경우 방재살포 등 다양한 기능을 넣을 수 있다.

조종기의 각종 스위치들. 별도의 동작에 대한 신호를 부여할 수 있다.

이 조종기는 별도의 전용가방에 보관하는 것이 좋다. 그 이유는 자칫 전원이 켜진 상태에서 트리밍 스위치나 다른 스위치들이 눌려져 있을 경우 기체에 배터리를 연결하는 순간 아무도 예상치 못한 사고가 발생할 수 있기 때문이다.

또한 조종기 각각의 스위치들은 생각보다 쉽게 부러질 수 있다. 그렇기 때문에 별도의 전용가방에 보관하는 것이 안전을 위한 선택이 될 것이다.

조종기의 전용가방은 외부 충격으로부터 나의 소중한 조종기를 지켜 준다.

● 참고

필자는 지도조종자 교육이수과정 중 조종기의 스위치 관리 부족으로 예기치 못한 사고 발생 사례를 들었는데, 그 사고는 방재작업 중 잠시 쉬는 시간에 거치해 놓은 조종기의 트리밍스위치를 누군가 만졌고, 변경된 트리밍값으로 인해 다시 이륙한 기체가 올바르게 비행을 하지 못하고 사람이 서 있는 곳으로 돌진한 사고였다.
생각만 해도 끔직한 사고인데 비록 항공촬영용 기체는 방재용 기체보다는 훨씬 작은 크기라고는 하지만 고속으로 회전하는 날개는 모두 동일하므로 사고예방을 위해 조종기는 반드시 전용가방이나 별도의 보관장소에 안전하게 보관하는 것이 바람직하다. 그리고 기체를 보관할 때도 프로펠러를 분리해 별도로 보관하는 것이 더욱 안전하다.

참고로 사람마다 오른손잡이와 왼손잡이가 있고 일상생활에서 각자 오른손과 왼손으로 스스로 편한 방식으로 움직여 왔던 것처럼 파지법에서의 조종기도 모드 1부터 모드 4까지 기본적인 스틱의 움직임이 다르게 설정되어 있지만 이는 조종하는 사람의 운동신경이나 성향에 따라서 편한 것

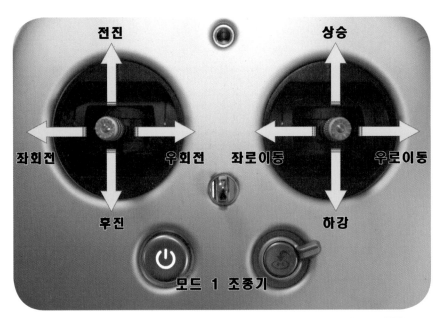

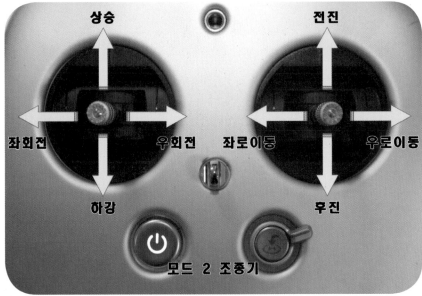

조종기의 모드 설정별 조종스틱 차이

으로 선택해 조종하면 된다.

간혹 어떤 경우 국가나 지역에 따라 조종기 모드가 다를 수 있으나 개인성향에 따라 달리 설정하여 쓰거나 처음 RC를 배울 때 익힌 것으로 설정해 사용한다고 생각하면 된다.

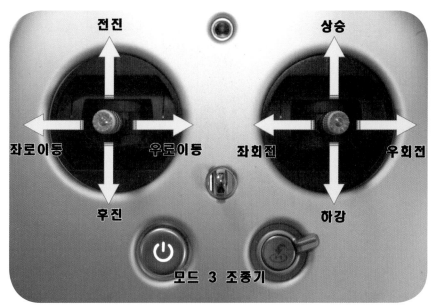

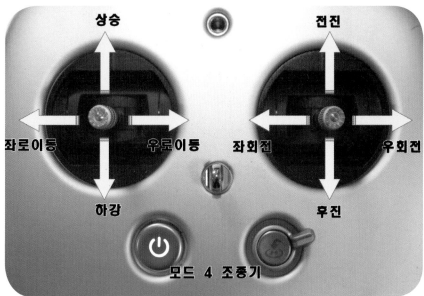

조종기의 모드 설정별 조종스틱 차이

※ 본 사진의 설명은 멀티콥터의 조종법이며, 무인비행기와는 명칭이 조금 다르다.

여기서 한 가지 재미있는 사실을 살펴보면, 조종기의 스틱을 자세히 관찰하면 우리 주변에서 흔히 볼 수 있는 사물과 그 두께가 유사한 것을 발견할 수 있다.

우리가 어릴 적부터 사용해 왔던 필기구의 굵기나 일반적인 담배 개피의 굵기는 모두 이 조종기 스틱과 두께가 비슷하다는 것을 알 수 있다.

또 유사한 것으로 지하철이나 버스의 손잡이 혹은 자동차 운전대 등의 두께도 거의 비슷한데, 이것도 성인이 잡았을 때 가장 편하고 알맞게 잡을 수 있는 두께라고 한다.

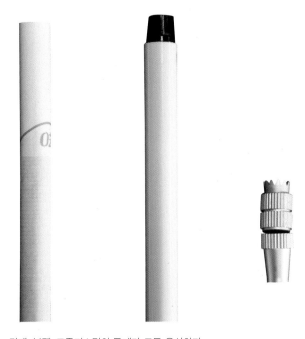

담배, 볼펜, 조종기스틱의 두께가 모두 유사하다.

그 외에도 어떤 것들이 비슷한 두께를 가지고 있는지 찾아보는 것도 재미있을 것이다. 이 두께는 사람들이 가장 편하게 잡을 수 있는 두께라는 것에 유념하여 찾아보자.

04 지금까지의 항공촬영

앞에서 살펴본 것처럼 종래의 항공촬영은 연, 기구, 비행기 등을 이용하여 촬영해 왔다. 그러나 원하는 앵글을 만들기 위해 기체를 직접 운용하는 방법을 선호하고, 여전히 정찰이나 지도 제작을 하려면 비행기에서 지상을 촬영한다거나 아름다운 이미지나 영상 촬영을 위해 주로 헬리콥터를 이용하여 그 맥을 이어 왔다.

지금까지 이어져 오고 있는 방송사 항공촬영 모습

헬리콥터로 항공촬영을 할 경우 보통 동체의 한쪽 가장자리에 카메라 감독이 자리 잡고 안전벨트에 몸을 의지한 채 동체 밖으로 몸을 내밀어 경관을 촬영하는 것이 일반적이었다. 아무리 튼튼하고 질긴 안전벨트가 촬영자를 잘 잡아 준다고는 하지만 웬만한 강심장이 아니라면 몇 백 미터 상공에서 촬영한다는 것은 쉬운 일이 아닐 것이다.

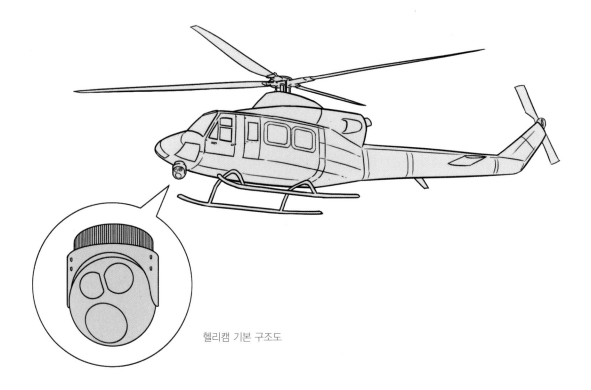

헬리캠 기본 구조도

근래에는 안전을 고려하여 카메라 감독이 직접 동체에 매달려 촬영하기 보다는 카메라를 헬리콥터의 외부에 매달아 촬영하는 방법으로 개선되었고, 이것이 지금의 헬리캠[15]으로 발전하였다.

---

15) 헬리캠(Helicam)은 Helicopter와 Camera의 합성어로서, 사람이 접근하기 어려운 곳을 촬영하기 위한 소형 무인헬기로 본체에 카메라를 장착하고 있으며, 리모컨 컨트롤러를 사용해 원격으로 무선 조종할 수 있다. 일반적으로 헬리캠을 카메라가 달린 멀티콥터(멀티로터)형 드론이라고 생각하는 경우가 많으나 반드시 드론에만 해당되는 것은 아니며, 드론이 대중화되기 이전에는 무선조종 헬리콥터(RC 헬리콥터) 등에 카메라를 장착해 왔다.

이렇게 촬영 여건이 개선되어 오면서 항공촬영자는 좀 더 안전하게 촬영에 임할 수 있었고, 헬리콥터 조종자 또한 이전보다는 안전한 비행이 보장되었다. 헬리캠의 활용으로 항공촬영 감독은 기체의 내부에서 모니터로 영상을 보면서 촬영을 감독할 수 있으므로 더 이상 공수부대원과 같은 위험에서 벗어날 수 있게 되었다.

최근에는 초경량무인비행장치(드론)를 이용한 항공촬영이 보편화되면서 보다 효율적이고 안전할 뿐만 아니라 더욱 경제적인 촬영이 가능해졌다.

지금부터 드론을 활용한 항공촬영의 경제적인 측면을 살펴보자.

✚ 비싼 헬리콥터 운행요금이 발생하지 않는다.

관광지에서 관광객들이 헬리콥터 투어에 비싼 요금을 내고 경관을 관람하는 사례처럼 항공촬영을 위한 비행의 경우라면 이보다 훨씬 많은 요금을 지불하게 될 것이다. 바로 이 값비싼 요금을 절약할 수가 있다.

✚ 항공청에 헬리콥터의 촬영승인과 비행승인을 별도로 받지 않아도 촬영이 가능하다.

고도 150m 미만의 항공청에서 허용한 항공촬영이 가능한 장소라면 누구나 촬영이 가능하다. 물론 지금도 드론을 활용한 항공촬영에서 고도 150m 이상의 경우이거나 특정 피사체[16] 또는 건물 등이 보안상 촬영이 금지되었다면 항공청의 승인을 받아서 촬영한다거나 촬영이 불가능할 수도 있다.

또한 자신이 항공촬영하려는 장소가 허가된 장소인지 궁금하다면 국가에서 지정한 스마트폰 어플리케이션인 'Ready to Fly'나 'SafeFlight' 등을 활용하면, 현재의 위치정보는 물론 비행이 가능한 지역인지 확인할 수 있다. 해당 어플리케이션은 이러한 비행공역에 대한 정보는 물론 지자계, 날씨 등 드론을 활용한 항공촬영에 필요한 부분까지 자세히 확인이 가능하므로 이를 적극 활용하도록 하는 것이 좋다.

이 어플리케이션에 대해서는 제2장 안전관련 단원에서 좀 더 다루어 보도록 할 것이다.

---

16) 사진이나 영화 따위를 찍을 때 그 대상이 되는 물체

제2장

촬영 전
알아야 할 것

01 기체에 관한 이해

　드론은 크기나 목적에 상관없이 모두 공통으로 갖는 기본적인 부분들이 있으며, 촬영용 기체를 기능에 따라 크게 나누어 보면 다음과 같다.

　첫째, 프레임은 사람의 골격에 해당하는데, 각 프레임의 암 끝부분에는 모터가 연결되어 있다. 프레임의 중심 부분에는 기체의 모든 움직임과 기타 제어를 담당하는 각종 센서 부품을 장착할 수 있고, 이 중심에 가깝게 배터리가 위치해야 안정적인 기동을 할 수 있다.

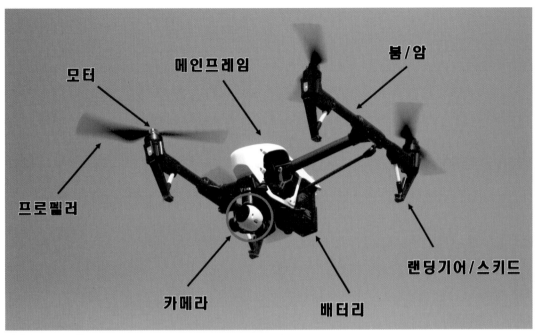

기체의 부위별 명칭

기체 프레임에는 이착륙 시 가장 중요한 랜딩기어(스키드)가 있는데 기체의 역할이나 필요에 따라서 서보모터와 리트랙터를 활용해 접혀지게 설계되기도 한다.

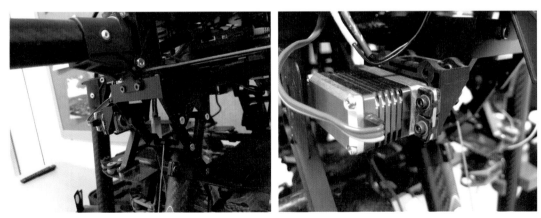

스키드 연결 부위와 리트랙터용 서보모터

둘째, 다소 복잡하고 가장 민감하게 연결되어 있는 부위로서 라디오 컨트롤(Radio Control)을 담당하는 송수신부가 있다. 이는 드론 기동에서 가장 먼저 조종기의 전파신호를 수신하여 이 신호를 FC(Flight Controller)로 전달하고, FC는 GPS 안테나와 IMU(Inertial Measurement Unit, 관성측정장비), IOSD(Indicator On Screen Display), 텔레메트리 안테나(Telemetry, 원격자료 송신 안테나), ESC(Electronic Speed Control) 등으로 서로 신호를 주고받아 기체의 기본적인 비행이나 안정된 상태를 유지시키는 가장 기본이 되는 중요한 부속들이다. 이 모든 컨트롤을 조종기와 연결된 수신기가 담당한다.

RC 수신기

ESC(전자변속기)

ESC는 Electronic Speed Control의 약자로 속도조절기라고 생각하면 쉽다. 배터리에서 보내 준 전기에너지의 양을 조절하여 모터의 속도를 제어하는 부품이다. 드론과 같은 멀티콥터에서 사용되는 모터는 주로 3개의 전선이 연결된 Outrunner Brushless Motor로 일반적인 모터는 회전축의 가운데 위치한 핀이 회전하는 반면, 드론의 모터는 외부를 감싸고 있는 드럼이 회전을 한다. 그때 연결된 3개의 전선에 전원을 공급하는 순서에 따라 모터가 회전하기 때문에 FC(Flight Controller)의 모터제어신호를 해당 모터가 회전할 수 있도록 연결 된 전선에 전원을 공급하는 스위치 역할을 한다. ESC에는 OPTO Type와 BEC Type이 있다.

• OPTO : Optoisolator의 약어. Aotpisolator라는 전자신호를 전기로 연결하지 않고 전달할 수 있는 전자회로이다. (간략하게 말해서) Optoisolator 안에는 약간의 간격이 있고, 한쪽엔 LED, 다른 쪽에는 광검출기(Photodetector)가 달려있다. 입력 전자신호(예를 들어, 비행컨트롤러에서 들어오는 신호)는 일련의 빛(Flash)으로 변환된다. 이 빛을 반대편에 있는 광검출기가 감지한다. 마치 어떤 사람이 플래시를 켰다 껐다 하면서 모스부호를 통신하는 것이라고 생각할 수 있다. 따라서 신호가 전기가 아닌 빛으로 전송된다.

• BEC/UBEC : 배터리 제거회로(Battery Eliminator Circuit/Universal Battery Eliminator Circuit) BEC와 UBEC는 기본적으로 동일한 회로로서, 몸집이 큰 전압조정기(Voltage Regulator)라고 생각하면 된다. 목적은 멀티로터 배터리(일반적으로 11.1V)의 고전압전기를 저전압(일반적으로 5V)으로 변환하는 것으로서, 비행컨트롤러나 서보와 같은 저전압 장치를 구동시키는 데 사용된다. 만약 비행컨트롤러를 배터리와 직접 연결하면 비행컨트롤러가 타버리게 된다. 따라서 배터리와 비행컨트롤러 사이에 BEC/UBEC를 두어 적절한 수준으로 전압을 떨어뜨려야 한다

셋째, 모터는 기체 움직임에 가장 중요한 역할을 한다. 이 모터는 ESC와 연결되어 있어 각각의 모터 회전속도가 다르게 회전하여 기체가 원하는 방향으로 움직일 수 있다.

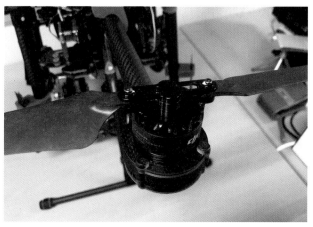

프로펠러와 모터 연결부

모터의 속도를 제어하는 ESC

　드론의 촬영시스템은 원활한 항공촬영을 위해 사용자가 실시간으로 무선조종비행체에 장착된 카메라에서 영상을 수신받아야 하는데, 이런 구조를 FPV[17]시스템이라고 한다. 이를 통해 사용자

---

17) FPV(First Point View)란 1인칭 시점을 뜻한다. 즉, 드론에 장착된 카메라에서 원격으로 영상을 송출해 마치 자신이 드론의 시야에서 비행을 할 수 있게 만든다. FPV 방법으로는 스마트폰이나 태블릿 PC, 고글 등을 사용할 수 있으며, 영상을 전송하는 주파수 방식은 2.4Ghz, 5.8Ghz의 주파수를 주로 사용한다.

는 실시간으로 수신되는 영상을 보며 원하는 위치에서 원하는 사진이나 동영상을 촬영할 수 있다. FPV시스템을 구축하기 위해서는 카메라, 영상송신기, 영상수신기, 모니터 또는 안경형 모니터와 기체의 정보(GPS 수, 기체의 수, 배터리 상태 등)를 전달해 주는 OSD가 필요하다.

카메라

촬영영상의 실시간 전송을 목적으로 하는 FPV 전용 카메라와 실시간 전송은 물론 고화질로 녹화까지 가능한 다양한 카메라가 있다. FPV 카메라의 특징은 기체의 전방만을 바라볼 수 있게 고정시킨 것이다. 그 이유는 기체의 전방을 카메라의 시점과 일치시켜 현재의 비행 방향을 쉽게 파악하기 위해서이다.

단, 레이싱 드론이나 촬영용 드론 또는 기타 다른 드론들의 FPV 카메라의 특징은 전방을 향하면서 비행 특성에 따라 카메라의 시선이 고개를 들거나 숙인 형태로 장착된다. 즉, 레이싱 드론의 경우 기체가 진행 방향으로 기울어진 상태에서 기동을 하기 때문에 카메라의 시선이 약간 위로 향해 있고, 촬영용 드론의 보조수단일 때는 전방보다는 약간 아래쪽을 향하게 된다. 간혹 방재용 드론에 장착된 FPV 카메라를 보면 다른 기체들보다 카메라의 방향이 더 하향으로 향해 있는데 이는 약제의 살포범위를 확인하기 위한 보조수단으로 장착된 경우이다.

영상송신기

영상송신기는 카메라의 영상을 지상으로 보내 주는 장치로 기체에 장착하여 사용한다. 사용 주파수는 900 MHz, 1.2GHz, 2.4 GHz, 5.8GHz 등을 사용하며, 송신 파워는 100~600mW까지 다양하다.

모터의 속도를 제어하는 ESC

영상수신기

지상에서 영상을 받아 주는 장치로 송신기와 같은 주파수를 사용하여야 한다. 수신기에서 받은 영상은 AV 출력단자를 통해 모니터로 연결된다.

안테나

영상의 송신기나 수신기는 헬리컬 안테나(지향성)이거나 끝 부분이 우산 모양으로 생겨서 일명 버섯 안테나(무지향성)라고 하거나, 돌돌 꼬인 모양 때문에 돼지꼬리라는 별명의 안테나 등을 사용한다.

양쪽 모두 같은 종류의 안테나를 사용해야 하며, 게인(이득값) 즉, 수신감도 역시 같은 종류로 선택해야 좀 더 효과적으로 영상을 확인할 수 있다.

항공영상을 촬영할 때 모니터상에서로 간혹 수신 불량이나, 화면이 명확하지 않게 나타나는 경우가 발생할 수 있다. 이는 기체의 주조종 주파수가 우선적으로 사용되어 상대적으로 영상신호가 약하게 수신되는 경우이다. 이런 경우 영상이 잘 보이지 않는다고 불안할 필요는 없다. 왜냐하면 영상신호가 카메라 본체에 모두 기록되어 있기 때문이다. 만약 영상신호를 잘 수신하려고 조종기의 신호보다 더 강한 세기의 증폭된 영상신호를 사용하다가는 자칫 기체의 컨트롤신호가 끊겨 인명사고나 재산상의 사고가 발생할 수 있다. 또한, 영상을 수신해서 보는 모니터는 단지 참고용일 뿐이며, 모든 영상은 기체에 달려 있는 카메라의 메모리 안에 깨끗한 영상으로 안전하게 저장되기 때문에 걱정할 필요는 없다.

모니터

모니터는 일반적으로 RGB 외부 입력을 지원하는 TV나 내비게이션, PMP[18] 등을 사용할 수 있다.

최근에는 노트북을 모니터로 사용할 수 있다. 단, RGB를 디지털 신호로 변경하여 USB를 통해 노트북으로 전송할 수 있는 장비가 필요하다. 노트북을 통해 확인하면서 실시간 전송되는 화면을 파일로 저장할 수 있는 이점이 있으나, 노트북 사양에 따라 0.5~1초 정도 영상 수신속도가 지연될 수 있다.

---

18) PMP(Portable Multimedia Player) : 음악 및 동영상 재생, 디지털 카메라 기능까지 모두 갖춘 휴대용 멀티미디어 재생 장치

고글을 사용할 수도 있다. 이는 안경형 디스플레이로, 실제로 항공기에 탑승하고 있는 느낌을 받을 수 있으며, 드론레이서들의 레이싱 드론에 많이 활용되고 있다. 흔히 FPV카메라라고 하면 이 레이싱드론이 대표적이다.

OSD/iOSD(On-screen Display)

비행정보확인장치로, 배터리 전압(잔량)이나 비행시간, 기체의 기울기(자세), 방위, 출발 위치의 방향과 거리, 고도, 속도 등의 정보를 화면에 표시해 준다. 기체에 장착하며, 카메라와 영상송신기 사이에서 가속도 센서나 지자계 센서, GPS 등을 통해 들어온 정보를 카메라의 영상에 섞어 영상송신기에 보내는 역할을 한다.

짐벌

짐벌은 촬영용 드론에 있어 가장 핵심이 되는 카메라 부품이며, 무게가 가벼운 카메라의 경우 기체의 무게중심보다 약간 앞에 장착하기도 한다. 기체의 전방쪽으로 위치해 있기 때문에 카메라 모니터상으로 보여지는 이미지가 기체의 전방에서 크게 벗어나지 않는다.

짐벌(Gimbal)은 기체의 진동에 관계없이 연직 상태를 유지할 수 있게 해 주는 장치로, 물이나 공기 등 주위 요소의 동요나 기울어짐에도 관계없이 수평 상태를 유지해 주는 장치를 의미한다.

일반 무선조종 장비를 이용하면 동체에서 카메라의 무게 중심 잡기가 어렵거나 잘못하면 카메라 파손의 우려가 있는데 짐벌 시스템은 그러한 단점을 극복하게 해 준다. 이를 위해 내부에 3축 자이로스코프를 갖추고 있다. 이러한 짐벌 장치는 무선조종비행체에 부착되어 흔들림 없는 촬영을

촬영용 기체에 사용되는 짐벌 예

위해 사용되며 장착해제도 가능하다(내용출처 : 위키백과사전).

촬영 시 화면의 앵글을 바꾸려면 기본적으로 기체 자체를 회전시켜 구도를 잡아 촬영하게 된다. 단, 2인 모드 비행일 경우에는 기체의 움직임과 카메라 짐벌의 움직임은 서로 별개가 된다.

짐벌의 종류로 SLR(Single Lens Reflex) 카메라나 그 이상의 중형급 카메라를 장착할 수 있는 짐벌이 있고, 촬영용 기체의 전용 카메라 짐벌이 있다.

3축 짐벌은 카메라의 방향과 기체의 방향을 별도로 움직이게 하는 특징이 있다. 이 짐벌은 좀 더 다이내믹한 촬영을 할 수 있고, 2인 모드의 촬영이 자유롭다. 짐벌 자체의 무게나 카메라 무게는 기체 중심에 자리 잡고 있어 비행 시 안정감을 준다. 단, 카메라 렌즈의 무게를 비롯한 몇 가지 특성상 무게중심이 기체의 전방으로 쏠리게 될 경우에는 배터리의 위치를 뒤쪽으로 이동시키기도 하며, 간혹 짐벌이 좌우로 회전할 때 무게중심이 흔들린다면 안정적인 비행이 어려워질 수 있다.

그러므로 통상적으로 기체의 가장 중심에 짐벌과 카메라를 위치시켜 짐벌의 회전이나 틸팅이 있을 경우에도 기체의 프레임 중심에서 무게 이동이 거의 없는 상태가 되도록 세팅해야 안전한 비행과 안전한 영상을 얻을 수 있다.

Gimbal Test

02 항공촬영 이전에 무엇보다 중요한 것은 안전이다

지금까지 이 책에 실린 이미지들을 보면서 "나도 할 수 있겠다!", "빨리 나가서 촬영해 보고 싶다!"라는 마음이 간절한 사람이 많을 것이다. 그럴수록 드론 조종자의 준수사항을 모두 숙지하고 있어야 하며 도심지, 특히 전신주 주변에서는 비행을 삼가야 한다.

더욱이 개인의 사생활 침해 문제가 첨예하게 대두되고 있는 현시점에서 문제의 소지가 있는 지역에서 비행할 때는 반드시 비행승인과 촬영승인을 받은 후 실행하여야 한다. 또한 승인을 받았다 하더라도 개인의 사생활 침해나 기업의 비밀정보 유출 등이 우려되는 장소의 비행은 하지 말아야 한다.

해당 승인은 원스탑 서비스(www.onestop.go.kr)에 접속하여 각각 승인을 받아야 하며, 간혹 비행승인만 허가받고 항공촬영을 하는 경우에는 문제가 발생하므로 이러한 실수는 하지 않도록 한다. 즉, 비행승인과 촬영승인은 별개로 이루어진다는 것이며, 그 이유는 촬영의 경우 상공에서만 할 수 있는 것이 아니라 사람이 서 있는 장소라면 어디든 촬영이 가능하기 때문에 반드시 촬영승인까지 받아야 항공촬영이 가능하다.

예를 들어 비행이 가능한 지역이라고 해도 해당 지역에 주요 문화재나 개인의 재산권 등을 침해할 우려가 있는 장소라면, 항공촬영은 사전에 원스탑 서비스를 이용해 허가를 받고, 개인의 재산인 경우에는 소유주로부터 촬영 허락을 받은 후 진행하는 것이 추후 법적인 분쟁을 피할 수 있다.

국립공원이나 휴양림과 같은 장소에서도 어플리케이션상에는 아무 이상이 없더라도 비행을 해서는 안 되는 지역일 수 있으며, 특히 유적지 상공에서는 허가 없이 비행하면 안 된다.

보다 중요한 정보는 사단법인 한국드론협회가 제작한 'Ready to Fly'라는 스마트폰 어플리케이션을 설치하면 쉽게 확인할 수 있다. 자신이 초경량무인비행장치를 이용해 즐기고 싶다면 그 위치가 과연 비행이 가능한 지역인지 미리 숙지해 두도록 한다. 어플리케이션의 기능들은 다음과 같다.

Ready to Fly 어플리케이션 아이콘

사단법인 한국드론협회가 제작한 이 어플리케이션은 드론 유저들이 반드시 알아야 할 공역에 대한 정보를 제공하고 있다. 또한 공역뿐만 아니라 드론의 기본수칙 등도 함께 제공된다.

[주요기능]
- 대한민국 국토교통부에서 제공하는 비행구역 정보 활용
- 명칭 및 유명지 자동 검색(Search)기능 탑재
- 어느 지역이나 지도상에서 터치하여 확인 가능
- 드론 무게에 따른 비행 공역 자동 세팅
- 사용자의 현재 위치뿐만 아니라 원하는 지역의 공역 정보 확인 가능
- 비행승인신청서 등 비행 허가에 필요한 자료 제공
- 유관기관 연락처 및 정보 제공
- 지자기 수치(K-Index) 제공 및 경고 문구 알림
- 현재 위치의 날씨 정보와 원하는 지역의 날씨 정보 제공

→ 참 고

항공촬영 및 비행승인 관할 구분
- 서울지방항공청 관할 : 서울특별시, 경기도, 인천광역시, 강원도, 대전광역시, 충청남도, 충청북도, 세종특별자치시, 전라북도
- 부산지방항공청 관할 : 부산광역시, 대구광역시, 울산광역시, 광주광역시, 경상남도, 경상북도, 전라남도, 제주특별자치도
- 추가문의 : 서울지방항공청(032-740-2147), 부산지방항공청(051-974-2145), 교통안전공단(042-841-0092)

비행허가 신청은 비행일로부터 최소 3일 전까지, 국토교통부 원스톱 민원처리시스템(www.onestop.go.kr)을 통해 신청과 처리가 가능하다.

조종자 준수사항을 위반할 경우 항공법에 따라 최대 200만원의 과태료가 부과된다.

(자료 출처 : 한국교통안전공단 Q&A 자료실, www.ts2020.kr)

이 외에도 Drone Play, Safeflight 등 비슷한 어플리케이션이 있다. 이러한 어플리케이션을 통해 공역 및 드론의 기본수칙 등도 확인하도록 한다.

초보자들이 자주하는 질문 중에 "비행금지 구역이지만 누구한테 보여 주지 않는 개인소장용일 뿐인데, 굳이 촬영허가를 받아야 하는가?"라는 것인데, 이 의문은 지속적으로 제기되는 질문이기도 하다.

당연히 해서는 안 되는 행동이며, 허가를 받아야 한다. 즉, 해당 지역에 보안시설이나 국가기밀과 관련된 시설들이 있을 수 있기 때문이다. 특히, 관광지나 주요 문화재가 있는 지역이 어플리케이션상 아무런 금지 표시가 없을지라도 해당 장소에서 비행하는 것은 문화재보호법을 위반하는 행동이므로 각별히 주의해야 한다.

드론비행 시 비행장 주변 관제권, 비행 금지구역, 비행고도 150m 이상의 지역에서도 비행하기전에 반드시 승인을 받아야 한다.

또한 무엇보다 안전하게 비행하는 것은 아무리 강조해도 지나치지 않다. 적게는 1분당 수천 번에서 빠르게는 수만 번까지 빠른 속도로 회전하는 드론을 날리며 즐긴다는 자체는 좋은 일이지만, 소중한 가족의 머리 위로 날카로운 날개가 달린 드론이 무질서하게 날고 있다면 흉기가 될 수 있다. 그 드론이 소중한 내 가족이나 나에게 큰 상해를 입혀 평생 그 고통을 안고 살아가야 한다고 생각해 보면 안전 비행은 명심해야 할 일이다. 즉, 항공법을 지키고 안전수칙을 준수하면서 안전하게 항공촬영을 해야 한다.

시동이 걸린 드론의 회전하는 프로펠러에 바나나가 닿았을 때를 생각만 해 보아도 드론이 얼마나 위험한 물건인지 금방 눈치챌 수 있을 것이다. 하물며 국가의 보물들 위에서 함부로 드론으로 촬영을 하는 행위라면, 얼마나 위험한 행동인지 다시 한번 생각해 보기 바란다.

'사고 나지 않게 조심스럽게 비행하면 되겠지'라는 안이한 마음으로 위험을 무릅쓰면서 항공촬영을 하고 싶을 때면, 내 가족의 머리 가까이로 날아드는 아찔한 순간을 상상하며 자제하기 바라며 보다 안전한 비행을 즐길 것을 권하고 싶다.

가족도 문화제도 모두 한번 다치거나 손상되면 이전처럼 복구될 수 없으므로 규칙(안전)은 절대로 지켜야만 한다.

어떤 독자는 너무 무섭다거나 위험 부담 때문에 마음이 불편할 수 있을 것이다. 그러나 음주운전이나 안전벨트 미착용으로 발생하는 사고 이후의 참사에 대하여 모든 이들이 체감하고 경각심을 갖고 있는 것처럼 드론의 안전수칙도 반드시 숙지하고 있어야 한다. 다시 강조하지만 항공법을 지키고 안전수칙을 준수해야만 안전한 항공촬영이 가능해질 것이다.

03 비행 시 주의사항

모든 기체에는 비행할 때 주의해야 할 조종자 준수사항이 있다. 드론 조종자 준수사항은 다음과 같다.

비행 중에는 장치를 육안으로 항상 확인할 수 있어야 한다

비행 중 기체를 육안으로 확인할 수 있어야 하는 이유는 기체가 눈에 보이지 않고 단지 모니터에만 의지한 채 비행을 하다 보면, 기체 주변에 어떠한 위험물이 있는지 모르는 상태에서 사고 발생 가능성이 매우 크다. 만약 기체의 뒤에 전선이 있거나 맹금류가 적으로 알고 위에서 공격한다면 이는 바로 사고와 직결될 수 있기 때문이다.

항공촬영 중 흔히 발생하는 실수는 모니터에만 의지하다가 기체의 측후방에 어떤 것이 있는지 몰라서 기체가 추락하는 사고이다. 따라서 기체에 대한 육안주시는 중요한 부분이다. 또한 안개 등으로 인해 시야 확보가 어려워지고 지상의 기물을 파악할 수 없는 상황일 때도 비행을 해서는 안된다.

사람이 많이 모인 상공에서의 비행을 금지해야 한다

사람이 운집해 있는 장소에서 비행을 금지하라는 것은 당연하다. 즉, 기체에 달려 있는 프로펠러는 초당 천회에서 만회까지 회전하고 있으며, 회전하는 날개는 과일이 잘릴 정도로 날카롭게 제작되어 있다. 만일 이런 날개가 4개 이상 달린 드론이 실수로 사람에게 떨어진다면, 많은 사람을 다치게 하는 살상무기가 될 것이고, 힐링을 위해 날린 드론이 어느 날 살상무기가 되어 누군가의 인생을 엉망으로 만들어 버릴지도 모를 일이다. 그러므로 조종자 준수사항은 대한민국 국토교통부가 항공 종사자들에게 내린 일종의 명령과도 같은 것이기에 당연히 이를 위반해서는 안 된다.

장치에는 사고나 분실에 대비해 소유자의 이름과 연락처를 기재해야 한다

사고나 분실에 대비하여 이름과 연락처를 기체에 적어 놓는 것은 기본 에티켓이다. 예를 들어, 자동차에 자신의 전화번호를 적어 놓는 것과 같은 이치다. 행여 사고가 발생했을 때 자신의 실수나 사고를 은폐하기 위해 일부러 연락처와 이름을 기재하지 않으려는 것은 기본 에티켓에서 벗어나는 행위이다.

반대로 자신의 기체가 수백~수천만원짜리 고가 장비인데 만일 GPS 오류나 지자기 오류로 인해 조종기 컨트롤이 제대로 작동되지 않아 멀리 날아가 버렸을 때를 가정해 보자. 어딘가에 떨어진 기체를 다른 누군가가 발견하여 연락을 해 줄 수도 있고, 추락하여 일부 파손된 기체는 수리해서 다시 사용할 수도 있다. 그러므로 본인의 이름과 연락처는 반드시 기재해야 한다.

야간 비행은 특별비행승인이 없으면 불법이다

촬영을 좋아하는 사람들 중에는 야경에 관심이 많다거나 야간촬영이 필요할 때가 있다.

야간 비행에도 주의사항이 있다. 야간에는 전신주의 전선이나 가늘게 뻗은 나뭇가지들은 보이지 않는다. 그러므로 야간 비행 중에 드론이 이런 장애물에 걸린다면 대형 사고가 발생할 수 있다.

최근 야간 비행 허가에 관한 몇 가지 조항이 신설되었는데 매우 까다롭기 때문에 일반인들은 야간 비행을 하지 않는 것이 가장 안전하다.

무인비행장치 조종자는 야간에 비행하거나 육안으로 확인할 수 없는 범위에서의 비행은 특별비행승인을 받아 그 승인 범위 내에서만 비행할 수 있다.

야간 비행 허가에 관한 조건은 다음과 같다.

[야간 비행 시 갖춰야 할 사항]

1. 보험에 가입한다.
2. 자동안전장치(Fail-safe)를 적용해야 한다(비행 중 통신두절, 배터리 소모, 시스템 이상 등을 일으킬 때를 대비해 안전하게 귀환·낙하할 수 있도록 유도).
3. 충돌방지기능을 위한 각종 센서들을 갖추어야 한다.
4. GPS(위성위치확인시스템) 위치발신기, 추락 시 위치 정보 송신을 위해 별도의 장치를 달아야 한다.
5. 드론비행에 참여하는 조종자 등은 비상상황에 대비한 훈련을 받고, 비상시 매뉴얼을 소지해야 한다.
6. 야간 비행허가를 위해서는 비행하는 드론을 확인할 수 있는 1명 이상의 관찰자를 배치해야 한다.
7. 5km 밖에서도 비행 중인 드론을 알아볼 수 있도록 충돌방지등을 부착해야 한다.
8. 야간에도 조종사가 실시간으로 드론 영상을 확인할 수 있도록 적외선 카메라 등 시각보조장치(FPV)도 갖춰야 한다.
9. 야간 이착륙장에는 지상 조명시설과 서치라이트가 있어 드론이 안전하게 뜨고 내릴 수 있는 환경이 확보되어야 한다.
10. 비가시권 비행 허가를 위해서는 조종자가 계획된 비행경로에서 드론이 수동·자동·반자동으로 이상 없이 비행할 수 있는지 먼저 확인해야 한다.
11. 비행경로에서 드론을 확인할 수 있는 관찰자를 1명 이상 배치하고, 이 관찰자와 조종자가 드론을 원활히 조작할 수 있도록 통신을 유지해야 한다.
12. 통신망은 RF 및 LTE 등으로 이중화해 통신두절 상황에 대비해야 한다.
13. 시각보조장치(FPV)로 상황을 확인할 수 있어야 하며, 만약 비행시스템에 이상이 발생할 경우 조종자에게 알리는 기능도 갖춰야 한다.

위의 모든 조건들을 갖추고 각 지방 항공청에 허가를 받으면 야간 비행을 통한 항공촬영을 할 수 있다. 그러나 이 조건들을 다 충족시킨다 해도 허가를 받지 못하는 경우가 많다. 예를 들어, 단지 취미로 야간 항공촬영을 해 보고 싶다는 이유를 들어 항공청에 촬영승인신청과 비행승인신청을 한다면 해당 부서는 사고 위험성을 감안하여 승인하지 않을 가능성이 매우 높다.

따라서 야간 항공촬영은 인정될 만한 상식선의 명분이 있어야 한다. 예를 들어, 평창 동계 올림

픽 개막식 행사에서 드론으로 오륜기를 표현하려는 승인은 가능하다. 이는 국가 행사이고 공신력 있는 미국의 인텔사의 기술이 접목되었고, 이 비행을 성공시키기 위하여 수십 번, 수백 번 반복되는 시뮬레이션과 실제 비행이 누적되었으며, 단순한 조종기술이라기보다는 각각의 드론에 고유한 좌표를 컴퓨터로 프로그래밍하여 구현된 행사이기 때문이다. 즉, 야간 비행은 일반인이 하기에는 결코 쉽지 않다는 것이다.

음주 상태에서는 조종하지 않는다

드론교육 중 만나는 사람들 중 간혹 전날이나 점심식사 중에 술을 한잔하는 분들이 있다. 이 경우 필자는 단호하게 그날 비행교육을 취소한다. 교육생은 정신이 온전하다고 우기지만 대부분의 드론 지도 조종자들은 경험을 통해 교육생의 상태를 정확히 알 수 있다. 그리고 심리적으로 불안하거나 스트레스를 받는 상황이 있을 때에는 비행을 해서는 안 된다. 아무리 인적이 없는 장소라도 술을 마시고 드론에 시동을 거는 행동을 절대로 해서는 안 될 일이다.

음주 상태에서의 비행 금지는 너무나 당연하다. 예를 들어, 술을 마시고 화살을 쏘거나 사격을 한다면 명중률은 떨어지고, 자동차 음주운전을 포함한 음주 상태에서 자전거와 같은 이륜차를 운전할 때도 사고가 나는 것은 마찬가지다. 즉, 이러한 행동은 절대 해서는 안 된다. 게다가 초경량비행장치 운용은 항공법[19]에 저촉을 받기 때문에 음주 문제는 더 민감할 수밖에 없다.

참고로 항공법상 항공기 파일럿은 소주 한잔을 마셨을 때, 이후 12시간 정도 비행을 할 수 없다. 또한 음주와 더불어 환각물질이 포함된 약물이나 강한 진정효과가 있는 약물을 투여한 이후에도 비행을 해서는 안 된다. 만약, 음주 상태에서 비행을 하던 중 경찰이 음주 측정을 요청하면 반드시 응해야 하고 혈중 알코올 농도가 0.03% 이상이면 300만 원 이하의 벌금 또는 3년 이하의 징역에 처해질 수 있다.

---

19) 국제 민간항공 조약에 따라 제정된 법률로, 항공기의 등록 · 항공 종사자 · 항공로 · 비행장 · 항공 보안시설 · 항공 운송사업 · 항공기의 운항(運航) · 외국 항공기 등의 사항을 규정한다.

비행 중 낙하물을 투하하지 않는다

비행 중 아무리 작은 물건이라도 낙하하는 동안 가속도가 붙어 위험한 상황이 초래된다. 취미용 드론이 가장 많이 날아다니는 높이인 지상 3층 정도에서 만년필이 떨어진다면 자동차 지붕을 뚫을 수 있을 정도의 낙하 강도가 된다. 자신은 안전하게 잘 부착하려고 강력한 양면테이프와 케이블타이 등으로 물체를 겹겹이 붙이고 묶었다고 해도 비행 중 기체 진동에 의해 결속된 물체가 떨어질 가능성도 크다.

2017년 어린이날 행사[20] 중 드론으로 사탕을 떨어트리는 퍼포먼스를 진행하다가 실수로 드론이 추락하여 많은 사람이 피해를 입은 사건이 있었다. 고작 사탕이라고 생각할 수도 있지만 사탕이 3층 높이에서 사람을 향해 떨어질 경우 크게 다칠 수 있기 때문에 비행 중에 낙하물을 투하하는 행위는 위험하다.

비행장 주변 관제권, 비행 금지구역, 비행고도 150m 이상의 지역은 비행하기 전 반드시 승인이 필요하다

우리나라는 아직 휴전 중인 국가이다. 전쟁 종식선언이나 통일이 되지 않는 한 여전히 위험한 상황임을 인지하고 있어야 한다. 우리나라 주요 시설물들은 대부분 비행 금지구역 내에 있으며, 해당 정보가 적국에 전달될 가능성은 사전에 차단되어야 한다.

또한 비행 금지구역에서의 개인 소장용 촬영일지라도 금지되는 것은 디지털 이미지의 경우 해킹의 우려가 있으며, 설령 필름으로 촬영하였더라도 촬영 원본이나 프린트물이 자신도 모르는 순간 옳지 못한 방향으로 사용될 가능성은 항상 내재되어 있기 때문이다. 그러므로 여러 상황을 고려하여 비행금지구역에 대한 법을 반드시 준수해야 한다.

그렇다면 다른 나라에는 과연 비행금지구역이나 촬영금지구역이 없는 것일까?

기본적으로 외국에서도 군사시설이나 연구소 같은 구역은 대부분 촬영이 금지되어 있다.

비행 또한 특정 지역의 상공 위를 날아갈 경우에는 대한민국 보다 더 민감하게 반응하는 지역도 많다.

---

20) 2017년 5월 5일 어린이날 경북 봉화군에서 열린 한국과자축제에서 사탕을 뿌리는 퍼포먼스를 하던 중 대형 드론이 떨어져. 행사장에 있던 어린이 3명과 어른 1명이 떨어지는 드론 날개를 피하지 못해 얼굴과 손 등을 베이는 사고가 발생했다(기사발췌 : 스포츠 조선).

이는 대한민국이나 특정 외국에 국한된 문제가 아니라 각 나라마다 자국 내 일부 비행금지구역을 지정해 놓고 있기 때문이다.

비행고도를 준수해야 한다

항공법상 비행공역은 각각의 섹터마다 다르게 적용되며 고도 제한이 있다. 구체적으로 공항 주변, 산악지역, 공해상, 구름 위, 구름 아래, 주택가 등 모든 구역에서 모든 항공기가 운행할 수 있다면 혼란이 초래될 것이다. 따라서 각 항공기가 비행하는 고도를 지정해 주고 국가 간이나 공해상에서의 관제권 이관에 관한 항공법상의 규정이 필요하다.

이에 따라 초경량무인비행장치 드론이 비행할 수 있는 고도에도 제한이 있으며, 허용 고도는 지상고 150m까지이다. 그 이상의 고도는 경량항공기가 비행을 하는 구역이며 이보다 훨씬 높은 고도는 여객기가 비행하는 구역이다. 이는 마치 자전거 도로와 자동차 전용도로가 구분되어 있는 것과 같은 개념이다.

보통 영화에서 자동차가 빠르게 사람들이 많은 도로 옆을 질주하면 해당 차량이 지나칠 때 바람을 일으켜 주변의 종이조각 같은 가벼운 물건들이 마구 흩날리는 것을 보았을 것이다.

만약 아파트만한 비행기가 몇 백 킬로미터의 속도로 날며 가까이 지나쳐 간다면 근처를 비행하던 작은 기체들은 모두 와류의 영향으로 비행에 문제가 생기거나, 그 와류에 말려들기라도 한다면 바로 사고로 이어질 것이다.

실제 드론 비행교육 내용 중 드론보다 큰 비행체가 주변에 나타나게 되면 발견 즉시 드론을 먼저 안전한 장소에 착륙시켜 다른 비행체가 안전하게 비행할 수 있도록 배려를 하도록 교육하고 있다.

비행고도 준수는 일종의 안전거리 개념이며, 기체의 특성이나 크기에 따라 제한고도를 분류해 놓은 것이다. 특히 공항 관제중심 9.3km 범위 내에는 여객기를 포함한 각종 비행기들의 이착륙을 위한 저고도 비행구역이다. 드론과 같은 작은 기체를 비행할 때 대형 항공기들의 이착륙이 겹치면 큰 사고로 이어질 수 있으므로 절대로 공항 관제권 내에서 비행할 생각은 아예 하지 않는 것이 좋다.

기본적으로 관제공역, 통제공역, 주의공역 등에서 비행을 하려면 지방항공청장의 허가를 받아야 한다.

비행 공역의 사용목적에 따른 구분은 다음의 표와 같다.

구분		내용
관제 공역	관제권	「항공안전법」 제2조 제25호에 따른 공역으로서 비행정보구역 내의 B, C 또는 D등급 공역 중에서 시계 및 계기비행을 하는 항공기에 대하여 항공교통관제업무를 제공하는 공역
	관제구	「항공안전법」 제2조 제26호에 따른 공역(항공로 및 접근관제구역을 포함한다)으로서 비행정보구역 내의 A, B, C, D 및 E등급 공역에서 시계 및 계기비행을 하는 항공기에 대하여 항공교통관제업무를 제공하는 공역
	비행장교통구역	「항공안전법」 제2조 제25호에 따른 공역 외의 공역으로서 비행정보구역 내의 D등급에서 시계비행을 하는 항공기 간에 교통정보를 제공하는 공역
비관제 공역	조언구역	항공교통조언업무가 제공되도록 지정된 비관제공역
	정보구역	비행정보업무가 제공되도록 지정된 비관제공역
통제 공역	비행금지구역	안전, 국방상, 그 밖의 이유로 항공기의 비행을 금지하는 공역
	비행제한구역	항공사격·대공사격 등으로 인한 위험으로부터 항공기의 안전을 보호하거나 그밖의 이유로 비행허가를 받지 않은 항공기의 비행을 제한하는 공역
	초경량비행장치 비행제한구역	초경량비행장치의 비행안전을 확보하기 위하여 초경량비행장치의 비행활동에 대한 제한이 필요한 공역
주의 공역	훈련구역	민간항공기의 훈련공역으로서 계기비행항공기로부터 분리를 유지할 필요가 있는 공역
	군작전구역	군사작전을 위하여 설정된 공역으로서 계기비행항공기로부터 분리를 유지할 필요가 있는 공역
	위험구역	항공기의 비행 시 항공기 또는 지상시설물에 대한 위험이 예상되는 공역
	경계구역	대규모 조종사의 훈련이나 비정상 형태의 항공활동이 수행되는 공역

항공안전법 제78조(공역 등의 지정), 시행규칙 제221조(공역의 구분·관리 등)
(출처 : 국토교통부 초경량비행장치 조종자 표준교재. 2019)

예전의 비행금지구역이나 비행제한구역 내에서 항공촬영을 할 경우에는 먼저 촬영승인을 받고, 이 승인서를 토대로 비행승인을 다시 교부받아야 해당 지역에서 항공촬영이 가능했었다. 그러나 근래에는 이 두 가지 업무를 효율적으로 관리할 수 있도록 비행금지구역과 비행제한구역 내에서 항공촬영을 하게 될 경우 '원스탑 민원서비스'를 이용해서 촬영승인과 비행승인을 모두 받을 수가 있다.

원스탑 민원서비스 홈페이지 이미지, 상단의 '항공민원신청' 페이지로 연결된 부분에서 신청이 가능하다.

초경량비행장치는 관제공역·통제공역·주의공역에서 비행하는 행위가 금지되어 있다. 그러나 군사목적으로 사용되는 초경량비행장치는 관제공역·통제공역·주의공역에서 비행승인을 받지 않고서도 비행이 가능하다. 또한 안전성인증을 받지 않는 무인비행장치(무인비행기, 무인헬리콥터 또는 무인멀티콥터 중 최대 이륙중량이 25kg 이하, 무인비행선 자체중량 12kg, 길이 7m 이하)는 관제권(비행장 반경 9.3km) 또는 비행금지구역(서울 강북지역, 휴전선, 원전 주변 등)이 아닌 곳에서 최저 비행고도 150m 미만의 고도로 비행이 가능하다. 초경량 비행장치(드론)의 비행공역 및 제한공역은 다음의 그림과 같다.

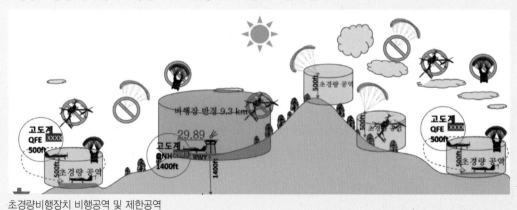

초경량비행장치 비행공역 및 제한공역
(출처 : 국토교통부 초경량비행장치 조종자 표준교재, 2019)

인터넷 사이트 www.onestop.go.kr에서 한 번에 촬영승인과 비행승인의 신청이 가능하며 누구나 신청할 수 있다. 물론 누구나 다 신청이 가능하다고 해서 무조건 다 승인이 되는 것은 아니므로 합당하고 명확한 명분이 있어야 승인이 가능하다.

항공법은 위반 시 도로교통법보다 벌금이 과중하게 적용된다.
그 이유는 자칫 실수로 사고가 난다고 해도 일반적인 교통사고보다 훨씬 더 치명적일 수 있기 때문에 보다 엄격한 기준을 적용하고 있다.

⊙ 참고

자동차 운전을 할 경우에도 차종이나 사람이 노출된 이륜차나 어린이 혹은 노약자 보호차량 같은 경우 운행에 방해가 되지 않도록 우선양보해야 하는 것은 기본적으로 알고 있을 것이다.
드론도 비행 중 드론 이외의 다른 항공기가 주변에 나타나면 드론 운전자는 그 즉시 가까운 장소에 안전하게 착륙시켜야 하며, 발견된 항공기가 시야에서 사라진 것을 확인한 후 다시 자신의 드론을 이륙시켜 항공촬영을 해야 한다.
헬리콥터나 그 이상 크기를 가진 어떤 항공기든 진행하는 경로에 와류(Turbulence)가 발생하게 되는데 드론과 같은 초경량비행장치는 그 와류에 의한 추락의 위험이 있기 때문이다.

드론비행이 가능한 지역이라 하더라도 주변에 헬리콥터를 비롯한 다른 비행체들이 나타날 경우 드론은 우선적으로 해당 항공기의 비행에 방해가 되지 않도록 서둘러 착륙시켜야 한다.

항공법상 초경량비행장치(드론) 운용에 대한 위반 시 처벌기준은 다음과 같다.

종 류			안전성인증	비행승인		
				비행금지구역	관제권	일반공역
안전관리제도	최대 이륙중량 25kg 초과	사업용	O	O	O	O
		비사업용	O	O	O	O
	최대 이륙중량 25kg 이하	사업용	×	O	O	×
		비사업용	×	O	O	×
위반 시 처벌기준		징역	–	–	–	–
		벌금	–	–	–	200만원
		과태료	500만원	200만원	200만원	–

종 류			장치신고	조종자증명	조종자 준수사항	보험가입
안전관리제도	최대 이륙중량 12kg 초과	사업용	O	O	O	O
		비사업용	O	×	O	×
	최대 이륙중량 12kg 이하	사업용	O	×	O	
		비사업용	×	×	O	×
위반 시 처벌기준		징역	6개월	–	–	–
		벌금	500만원	–	–	–
		과태료	–	300만원	200만원	200만원

(출처 : 항공청)

다음은 조종자 준수사항 이외에도 촬영현장에서 각별히 주의해야 하는 사항이다.

첫째, 역광이 아닌 순광의 위치에서 촬영해야 한다.

촬영 시 태양을 등지고 촬영해야 한다. 태양을 바라보는 각도에서 비행을 하면 순간적으로 기체가 보이지 않는데 이것을 '증발현상[21]'이라고 한다. 자동차 운전을 예로 들면, 자동차를 운전하다 마주 오는 차량이 상향등을 켠 채로 운전을 한다면 내가 운전하는 차와 상대방 차 사이에 어떠한 물체가 있어도 제대로 식별하기 어려운 상황이 된다. 이와 같이 증발현상이 발생하면 기체가 예상하지 못한 방향으로 날아가거나 인적·물적 손실 등 상당히 위험한 상황이 발생한다. 비행에 자신 있는 사람이더라도 기체가 어디 있는지 정확히 알지 못하는 상황에서 모니터만 보고 안전한 비행을 하기는 불가능하기 때문에 반드시 태양을 등지고 촬영해야 한다.

촬영 시 해를 등지고 기체를 전진시켜 촬영하는 것이 피사체의 식별이 용이하며 비행도 쉽게 할 수 있다.

---

21) 시야증발현상이란 관찰자와 물체의 일직선상 바로 뒤쪽에 밝은 광원이 있으면 순간적으로 바라보던 광원으로 인해 물체가 눈에 보이지 않게 되는 현상이다. 자동차 운전 중 마주 오는 자동차의 상향등을 바라보면 일시적으로 앞이 보이지 않는 현상과 비슷하다.

기체의 눈동자는 기체에 장착되어 전방을 바라보고 있는 카메라 렌즈 단 하나뿐이다. 기체에 따라서는 FPV 카메라를 별도로 장착하여 2인 모드 촬영 시 기체 조종자와 짐벌 촬영자가 각각의 모니터로 영상을 다르게 수신하여 운용하는 경우도 있지만, 기체의 두 눈이 각기 다른 방향을 보고 있더라도 사람의 눈이 태양을 마주 보는 순간 기체의 위치를 파악하기 어려운 상황에 처하게 된다.

역광은 단순히 조종자의 편의만 생각해서 설명하는 것은 아니다. 드론에 장착된 대부분의 카메라는 전방을 향하고 있기 때문에 태양광이 직접 렌즈를 통과해 CCD[22]에 영향을 준다면 카메라의 내구성은 현저히 나빠지게 된다.

역광인 상태에서 기체가 조종자와 태양 사이에 위치하게 되면 증발현상이 발생한다.

22) Charge Coupled Device : 1969년 10월, 벨연구소의 빌보일과 조지 스미스가 처음 개발한 CCD는 빛을 전하로 변환시켜 화상을 얻어내는 센서로 필름 카메라의 필름에 해당하는 부분이다. CCD는 디지털카메라, 광학 스캐너, 디지털 비디오카메라와 같은 장치의 주요 부품으로 사용된다. CCD의 화소 수와 크기는 카메라의 가격을 결정하는 가장 큰 요소로 CCD 크기가 커질수록 가격이 상승한다. 최근에는 사람의 시각과 동일한 1:1 화각에 이르는 기술이 개발되었다. CCD는 여러 개의 축전기(Condenser)가 쌍으로 상호 연결되어 있는 회로로 구성되어 있고, 회로 내의 각 축전기는 자신 주변의 축전지로 축적된 전하를 전달한다. CCD 칩은 많은 광다이오드들이 모여 있는 칩이다. 각각의 광다이오드에 빛이 비추어지면 빛의 양에 따라 전자가 생기고 해당 광다이오드의 전자량이 각각 빛의 밝기를 뜻하게 되어 이 정보를 재구성함으로써 화면을 이루는 이미지 정보가 만들어진다.

역광은 선글라스를 쓴다고 해결되는 것은 아니다. 선글라스를 착용하고 드론비행을 하는 것이 기체의 시야확보는 편할 수 있지만 좋은 선글라스를 쓰더라도 역광 상태에서 기체의 '증발현상'은 발생된다. 따라서 항공촬영을 한다면 이착륙 포인트는 반드시 해를 등지고 결정하여야 하며 비행할 때도 해를 등지고 촬영하는 '순광' 상태에서 해야 안전하다. 또한 순광상태일 때 카메라에 잡히는 피사체의 색상이 가장 예쁘고 명확하게 보인다.

둘째, 항공촬영은 무엇보다 단독 비행으로 하면 안 된다.
보조자가 함께 기체의 위치나 주변 장애물의 상황에 맞게 즉각적으로 조종자에게 알려 주어야 안전한 항공촬영이 될 수 있다. 영상에 대한 욕심보다는 확실한 안전에 대한 인식을 가장 기본으로 기체 조종에 임해야 한다.

> **강조**

항공촬영에서 가장 중요한 것은 안전이며, 한 가지 더 확실하게 숙지하여야 할 사항은 바로 촬영승인이나 비행승인 두 가지 중 하나만 받았다고 모든 것이 허용되는 것이 아니다. 즉, 두 가지 승인 중 촬영승인을 먼저 받아야 한다.
촬영은 상공이 아닌 지상에서도 가능한 것이기 때문에 촬영승인을 먼저 받고 이후 비행승인을 받아야 한다.
특히 청와대 인근의 항공촬영이 필요하다면 한달 이상 여유를 두고 미리 촬영승인과 비행승인을 받도록 한다.
필자의 경우 촬영 당일 수도방위사령부, 청와대경호실, 인근 담당경찰서에서 모두 각각 담당자가 현장 입회하여 항공촬영을 진행하기도 했다. 이때 신분증을 반드시 지참해야 한다.

지금까지 항공촬영 전반에 관한 내용들을 대략 설명하였다. 그렇다면 이제 이 숙지한 내용들을 과연 어떤 분야에 활용할 수 있을지 좀 더 살펴보도록 하자!

항공촬영은 방송이나 영화에 있어서 드라마틱한 장면이나 전체적인 상황을 설명하기에 아주 적합한 툴로 활용될 수 있다. 이에 편승하여 보도자료를 확보하는 데에도 단연 항공촬영이 두각을 나타내고 있다.

우리가 명절의 교통대란을 각종 보도매체를 통해 전해 들을 때면 어김없이 등장하는 영상은 정체가 심한 도로 위의 거북이처럼 움직이는 자동차들을 상공에서 촬영한 것이다. 그 외에도 보도자료로 활용할 수 있는 항공영상은 모두 이에 해당한다.

도로의 교통량 파악을 위한 항공촬영 예

셋째, 항공촬영은 정보 수집용으로 활용되기도 한다.

구글어스를 검색해 보면 전 세계의 모습을 사진으로 확인할 수 있다. 물론 그 이미지들은 고성능 위성카메라를 통해 지구로 보내진 것을 짜깁기한 것이다. 구글어스의 지도는 상당히 높은 지점에서 촬영되었기 때문에 사실 항공촬영이라고 하기에는 좀 거리가 있을 수 있지만, 고도를 많이 낮춰서 촬영하는 측량 지적도 촬영도 항공촬영 분야 중의 하나이다. 지적도 촬영은 상당한 정밀도와 기술을 요하므로 많은 시간과 첨단장비가 뒷받침되어야 좋은 결과를 얻을 수 있다.

넷째, 근 두각을 나타내는 분야로 3D 맵핑기술이 있다.

3D 맵핑기술은 단지 지형도에 국한된 것이 아니라 건축물의 외형에까지 파급되어 외형의 모델링을 할 수 있어서 각광을 받고 있다.

또한 이 모델링작업에 좀 더 퀄리티가 높아진 분야가 3D 모델링 기술을 응용한 시설의 안전관리이다. 안전관리 이미지의 경우 일반 이미지와 열화상 카메라의 접목으로 건물이나 위험시설물 등의 안전진단에 효과적인 기능을 하고 있다.

또 다른 활용 사례로는 최근 드론과 레일캠을 함께 운용하여 노후 교각의 정밀 안전진단을 하는 업체들도 신사업의 대열에 합류하고 있다. 단지 평면적인 스틸사진만으로도 안전관리를 용이하게 할 수 있으나, 3D 모델링을 통해 외형의 변형을 더 효과적으로 파악할 수 있어 새로운 산업 분야로 각광을 받고 있다.

다섯째, 항공촬영은 국민의 재산과 생명을 보호하는 분야에 활용되기도 한다.

군인, 경찰, 소방 등 국가와 국민의 재산과 생명을 보호하는 분야에 활용되기도 한다. 열화상 카메라의 경우 실종자 수색이나 화재의 진원지 파악 등에 많이 활용되고, 재난발생 시 전체적인 상황을 보다 효율적으로 파악할 수 있어 상황대처 및 업무에 능률을 올릴 수 있게 되었다.

04 기체 점검사항

지금부터는 필드로 나아갈 단계에 근접하고 있다. 그러나 여기서 바로 날리기에는 아직 몇 가지 살펴볼 것이 있다.

마음은 급하겠지만 조금만 더 안전을 위해 숙지한 후 비행을 하여야 눈앞에 펼쳐질 아름다운 영상들을 내 품 안에 내 손으로 간직할 수 있을 것이다.

'빨리 촬영하고 싶다'라는 열망에 기체 점검사항과 안전에 대한 상식을 무시한 채 비행을 서둘지 않도록 하자. 항상 잠깐의 방심이 영화에서나 볼 수 있는 참사를 불러올 가능성을 키우게 되는 것이다.

필드에서 기체를 날려 보기 전에 비행 시 주의사항을 숙지한 후 기체에 대한 안전검사를 실시한다면 좀 더 안전한 비행을 할 수 있다.

기체 안전검사

우리가 자동차 운전을 하기 전에 타이어 공기압이나 연료량 등 기본적인 사항을 확인하고 운전을 하듯 기체에 시동을 걸기 전 확인해야 할 사항들이 있다.

드론 자격증 취득을 위해 교육을 받은 사람이라면 쉽게 알 수 있는 프로펠러에 갈라진 부분이나 부러진 부분은 없는지 확인하고, 손으로 모터를 회전시켜 걸리는 부분이나 유격을 확인해야 한다.

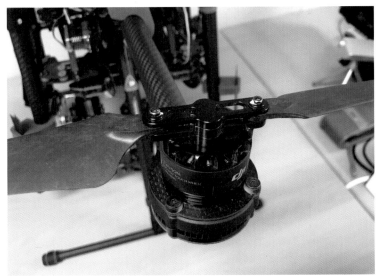

프로펠러와 모터의 연결 상태 이상 유무를 확인해야 안전한 비행을 할 수 있다.

항공촬영 시 카메라가 원하는 앵글을 제대로 촬영하고 있는지 확인하면서 영상송신기를 연결해야 한다.

　　영상송신기는 카메라에 직접 연결하거나 IOSD를 통해 연결할 수 있는데 두 가지의 차이는 카메라에 직접 연결할 경우 영상 위주로 모니터에 확인이 되는 반면 IOSD[23]를 통해 모니터로 수신을 하게 되면 기체의 전반적인 상태까지 모니터링할 수 있다.

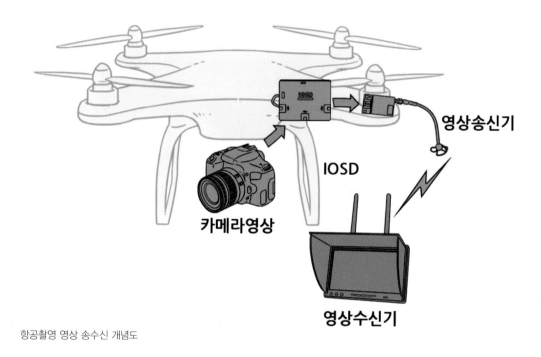

항공촬영 영상 송수신 개념도

----

23) IOSD(Indicator On Screen Display) : 모니터의 화면을 사용자가 직접 최적화시킬 수 있도록 해 주는 조정기능으로, 화면에 나타난 OSD 창을 통해 조정하는 데 테스트 프로그램을 사용하여 최적화 작업을 한다.

카메라의 영상 아웃풋 단자를 IOSD에 연결하여 영상 이미지를 송출한다.

영상 내 기체의 상태를 함께 전송해 주는 IOSD 장치. 카메라의 영상신호를 무선 주파수로 바꾸어 송신한다.

예를 들어 기체의 배터리 상태, 포착된 위성의 수, 방향, 기울기, 속도, 고도 등이 모니터 하나로 모두 확인이 가능하다. 따라서 촬영자는 IOSD와 함께 연결하여 운용하는 것이 한 번에 확인할 수 있는 정보가 많으므로 좀 더 효율적으로 촬영과 조종을 할 수 있다.

부품이 타 버린 영상 송수신기는 새 제품으로 교체해 사용한다.

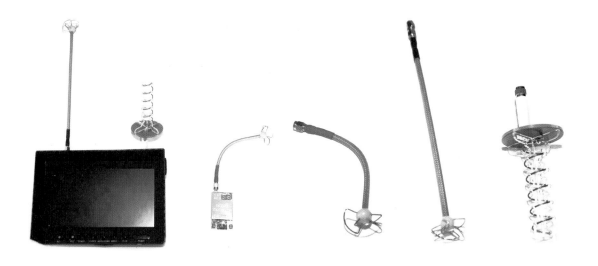

영상 수신용 모니터와 수신 안테나

배터리 관리

　드론비행에 있어 연료라고 할 수 있는 배터리는 충분히 충전되어 있는지 확인해야 할 부분이다. 배터리 전압은 별도의 배터리 체커에 연결하면 쉽게 확인할 수 있다.

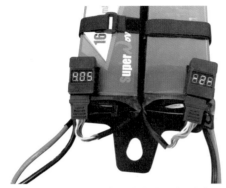 

배터리 체커를 통해 각 셀당 전압 확인도 가능하다.

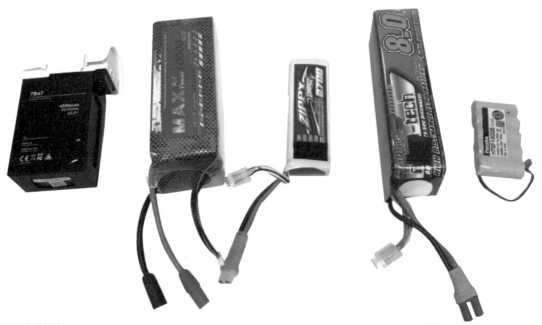

여러 종류의 배터리

배터리의 정격전압[24]은 각 셀당 3.7V가 기본이며 완충 시 셀당 4.2V가 된다. 예를 들어, 완충 시 전압계산은 100% 완충을 기준으로 6셀의 경우 4.2×6 = 25.2가 되는데, 이때 배터리 성능이 100% 발휘될 수 있으며, 이보다 전압이 낮을 경우에는 비행시간이 줄어들거나 비행 중 기체 스스로 고도가 내려가 불시착하는 경우도 발생할 수 있다.

배터리는 장기 보관 시 스토리지 모드라고 하는 약 60% 충전된 상태로 상온에서 보관하는 것이 바른 보관법이다. 이때 60% 충전은 정격전압에 해당하는 3.7V ~ 3.8V가 된다. 상온 보관된 배터리의 내부온도는 15℃ 이상부터 비행을 권장하며, 안전을 위해서 배터리 내부 온도를 20℃까지는 예열하는 것이 좋다. 특히, 겨울철에 마음이 급해 배터리의 내부 온도가 낮은 상태에서 비행을 하면 블랙아웃(Black Out)현상[25]이 나타나게 되는데 이때 갑자기 화면이 꺼지거나 모터의 회전수가 적어지면서 급격히 추락할 수 있다. 배터리는 충전되면서 셀 내부의 전하들이 원활하지 않은 형태로 쌓이게 되는데 이 상태에서는 전류의 이동이 용이하지 못하다. 따라서 전기를 흐르게 해 예열하면 전하의 이동이 용이하게 되어 급격한 전압저하가 생기지 않게 된다.

● 참고

온도와 충전 용량별 전압감소율

보관온도	1년간 완전 충전 상태로 보관 시 충전 용량 감소율	1년간 스토리지모드로 보관 시 충전 용량 감소율
0℃	6%	2%
25℃	20%	4%
40℃	35%	15%
60℃	80%	25%

----

24) 정격전압은 정상적인 동작을 유지시키기 위해 공급해 주어야 하는 기준 전압으로 배터리 전압이 각 셀당 3.7볼트일 경우 추가로 충전을 하지 않고 스토리지 모드로 보관이 가능하다.
25) 블랙아웃(Black Out)현상은 전기를 공급하는 용량이 사용되는 용량에 비해 적을 때 발생하는 현상으로 쉽게 말하면 정전현상과 비슷하다.

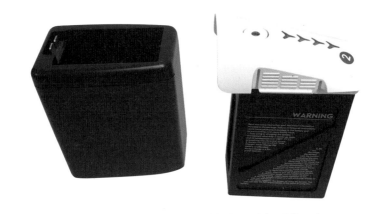

DJI 사의 배터리 워머, 겨울철 배터리 성능유지에 도움을 준다.

배터리는 충격을 주거나 과충전 또는 과방전을 하게 되면 전해질이 새어 나와 더 이상 사용하지
못하거나 심한 경우 폭발하기도 한다. RC(Radio Control)용 배터리는 조심해서 다뤄야 하는데 만
약 배터리의 전극끼리 직접 연결하면 순간 과전압으로 폭발할 수 있으며, 특히 불 속에 넣는 행위
는 절대 해서는 안 된다.

과방전된 배터리라도 잔류 전류가 있기 때문에 함부로 버리는 것은 위험하며 소금물에 장시간 담가 완전히 방전시킨 후 폐기 처분한다.

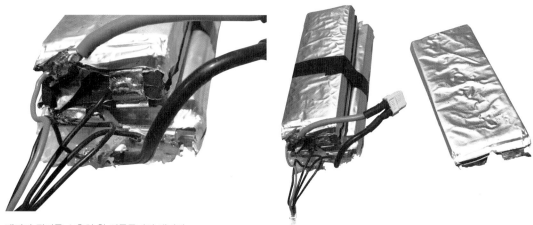

배터리 관리를 소홀히 한 리튬폴리머 배터리

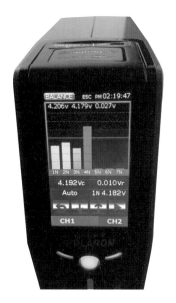

셀의 밸런스가 맞지 않는 배터리 상태와 경고 메시지

간혹 배터리의 충·방전관리를 소홀히 한 경우 배터리 몸체 내부가 부풀어 올라 일종의 배부름 현상이 나타나게 되는데, 이 경우에도 전지 상태가 좋지 않으므로 폐기할 것을 권장한다.

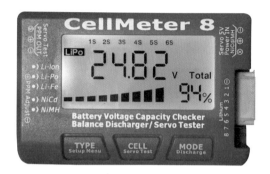 

셀 체커, 밸런서에 확인되는 각 전압 사진

나의 소중한 배터리는 전용 케이스에 보관하는 것이 배터리 화재 및 안전상 중요하다.

이 외에도 기체의 각 부분을 자세히 점검해야 안전한 비행을 할 수 있다. 기체 점검이 미비하여 기체가 추락하는 현장은 자주 목격할 수 있다. 기체의 각 부분은 우리가 타는 자동차에 비유하면 자동차의 엔진과 구동축 그리고 차체를 연결하는 모든 주요 부품과 같다.

기체와 프로펠러 사이의 붐(암) 연결 부위의 손상된 사진과 추락한 기체로부터 떨어져 나온 모터와 붐

기체점검 부족으로 인한 사고 후 프로펠러 손상

    그러나 기체의 하드웨어적인 점검을 잘 끝냈을 때도 간혹 소프트웨어적인 오류로 인해 통제 불가능한 상태에서 기체가 추락하거나 촬영이 어려운 경우가 발생하기도 한다. 그중 하나가 지자계 오류로 인한 제어 불량인데 이는 기체의 지자계 센서가 오류를 일으키거나 지구자기장 수치가 일정 수치 이상 또는 비행 장소에 자기장 오류를 일으킬 만한 상황이 되었을 때 발생한다. 이때는 즉시 자세제어모드[26)]로 전환하여 조종하거나 자세제어모드 상태에서 안전하게 착륙시키는 것이 가장 현명한 선택이다. 오류가 발생하였음에도 고집스럽게 GPS 모드로 비행한다면 기체는 조종자의 의지와는 상관없이 원치 않는 곳으로 곤두박질치거나 알 수 없는 방향으로 날아가 버릴 것이다. 물론 자세제어모드로 숙련된 비행을 하기 위해서는 면허 취득을 하는 것이 올바른 선택이다.

    지자계에 대한 내용은 후에 좀 더 다루도록 한다.

---

26) 자세제어모드란 Attitude Mode의 약자인 Atti Mode라고도 하는데, GPS 신호가 약하거나 각종 오류로 인해 GPS의 추적이 어려워지는 상황에 위성추적신호를 사용하지 않고 기압계 센서만 이용하여 고도 유지를 하는 기능으로, 일부 완구 드론에 적용되어 있기도 하다.

카메라를 통한 촬영 시 필요한 짐벌에 대하여 살펴보자.

각종 항공촬영용 카메라와 짐벌들

촬영 시 비행 이외에 가장 신경을 많이 쓰게 되는 것이 바로 짐벌[27]이다.

짐벌은 이리저리 빠르게 기동하는 기체에서 급작스런 기울기나 움직임이 있을 때 안정감 있는 영상을 촬영하는 데 가장 필수적인 부품이다.

기체의 떨림과 영상의 젤로현상[28]

드론의 비행을 담당하는 주기관들 중 기동과 관계된 모터의 진동은 어쩔 수 없는 악연인 듯하다. 카메라의 움직임을 부드럽게 만들어주는 짐벌과 더불어 댐퍼는 항공촬영 기체에 있어서 주요 부품이다.

짐벌과 더불어 댐퍼는 진동이 심한 기체의 떨림을 상쇄시켜 주는 역할을 하는 부속품이다. 댐퍼는 쉽게 말하면 자동차에서 노면의 진동이 차체로 전달되지 않도록 바퀴 사이에 있는 서스펜션의 역할을 하는 것이다.

---

27) Gimbal : 하나의 축을 중심으로 물체가 회전할 수 있도록 만들어진 구조물로, 수평을 유지시켜 주는 장치이다. 짐벌 안에는 가속도 센서와 자이로센서가 내장되어 있어 회전 방향이나 기울어짐 등을 측정하여 달려 있는 모터를 이용해 이러한 움직임을 상쇄시키거나 보완하여 항상 안정된 상태를 유지하게 만드는 장치이다(영어권 발음은 dʒímbəl〈영국〉, gímbəl〈미국〉 두 가지 모두 통용되고 있다).

28) Jello Effect : 셔터의 열리고 닫히는 순간이나 CCD라 불리는 전자식필름의 전기신호의 흐름이 한 순간 열렸다 닫힐 수도 있지만 셔터속도가 빠를 경우에는 작은 틈이 움직이는 듯한 셔터의 움직임이나 전기신호의 전달로 렌즈를 통해 들어온 상을 저장하는 방식의 카메라에서 발생하는 현상으로 전자식 롤링셔터 방식에서 자주 발생한다(출처 : 위키백과).

짐벌과 기체 사이를 연결해 주는 댐퍼는 좋은 영상을 위한 필수품이다.

쉽게 말하면 흔들리는 차 안에서 글씨를 쓰면 정확하게 글씨를 쓸 수가 없을 것이다. 이미지도 기체의 흔들림으로 인해 명확한 상이 촬영되지 못하는 경우가 생길 수 있으며, 간혹 사용자들 중에는 모터와 모터마운트 사이에 얇은 쿠션을 덧대어 작은 진동이라도 줄이고자 하는 사람도 있다. 그러나 이러한 노력에도 불구하고 영상이 심하게 떨리거나 화면이 마치 젤리가 흔들리는 것처럼 울렁거리는 현상이 발생하는 경우가 있다.

그 이유를 살펴보면

첫째, 모터에서 전해지는 기체의 진동을 댐퍼나 짐벌이 다 감소시켜 주지 못해 발생하거나

둘째, 댐퍼나 짐벌이 모두 제 역할을 하고 있더라도 비행 중 바람과 같은 물리적 힘이 기체가 버틸 수 있는 진동의 한계보다 더 셀 경우 발생한다.

셋째, 아주 드물게는 짐벌의 회전각도가 한계치에 달했지만 기체가 이를 제대로 제어하지 못해 진동이 그대로 카메라까지 전달될 경우 발생하게 된다.

이러한 현상을 줄이고자 이중 댐퍼를 사용하거나 댐퍼의 크기나 수량을 조절하기도 한다. 때로는 모터나 프로펠러의 종류를 바꾸기도 하고 이러한 민감한 조건들의 최적 조합을 맞추는 것은 결코 쉬운 일이 아니다. 이 젤로현상만 완벽하게 해결해도 항공촬영 문제의 절반은 해결되었다고 볼 것이다.

Jello Effect

05 시뮬레이션을 활용하자

　　드론 시뮬레이션 기체 중 Quadcopter, Hexacopter, Octocopter, Dodeka, X8 등 다양한 멀티콥터를 만날 수 있다. 그중 기체의 중앙이나 중앙 약간 앞쪽으로 카메라가 달린 짐벌이 장착된 드론을 비행하며 연습하면 된다. 여기서 전제되어야 할 것은 기체를 조종하는 사람들은 국토교통부에서 공식적으로 발부한 초경량비행장치(초경량무인멀티콥터)의 면허증을 취득한 사람이어야 한다. 그 이유는 항공촬영을 할 때 항공청으로부터 비행승인과 촬영승인을 받고 진행해야 하는 경우가 많이 발생하며, 항공촬영의 고급 기동을 하기 위해서는 그만큼 조종능력이 숙련되어야 하기 때문이다. 따라서 반드시 초경량무인멀티콥터의 면허증을 취득하는 것이 중요하다.

먼저 시뮬레이터[29]를 작동시키면 관찰자 입장에서 기체를 바라보고 비행하는 화면을 확인할 수 있다. 이 화면에서 기능키(펑션키)인 F1부터 차례로 눌러 보면 짐벌뷰(Gimbalview)모드가 있음을 확인할 수 있다. 이때 시뮬레이션 조종기 상단에 위치한 로터리 스위치(돌리는 스위치)를 돌려 보면 카메라의 각도가 상하로 변하는 것을 알 수 있다.

조종기 우측상단에 위치한 스위치

다음으로 기체를 이륙시켜서 본인이 원하는 피사체를 화면 중앙에 위치시켜 본다. 기본적인 촬영은 피사체를 화면 중앙에 놓고 5초 정도 대기해 보는 훈련으로, 이 훈련은 항공촬영의 가장 기본이며 스틸 컷을 제작하는 작업이다. 이때 기체는 가급적 흔들리지 않도록 해야 떨림이 없는 이미지를 촬영할 수 있다. 실제 비행에서는 기체가 호버링(Hovering)[30] 중 모터의 회전으로 인한 진동이 발생한다. 이를 감소시키기 위해 댐퍼를 기체와 짐벌 사이에 장착하는데 이것이 쿠션과 같은 역할을 한다.

29) 이 책에서는 리얼플라이트(Real Flight) 시뮬레이션을 기준으로 설명한다. 비행 시뮬레이터는 어떤 제품을 활용해도 무방하다.
30) Hovering (항공용어) 공중 정지. 헬리콥터가 공중에 정지해 있는 상태호버링은 파일럿이 자신의 눈앞에 드론을 움직이지 않고 정지상태처럼 조종하는 기술로 매우 중요하다. 쿼드콥터 이상 드론에서는 호버링이 크게 어렵지 않은데, 그 이유는 비행 자체가 안정적이기 때문이다. 호버링이 중요한 이유는 촬영과 비행의 안전을 위한 것이다.

비행 시 시뮬레이터는 좋은 퀄리티로 항공촬영 연습을 안전하게 할 수 있다.

그 다음 기체를 전후로 이동하면서 피사체를 프레임 인(Frame In)[31]한 이후 중앙에 고정시키고 잠시 후 앵글의 다른 방향으로 프레임 아웃(Frame Out)하는 기동 연습을 한다. 이에 응용방법으로 좌나 우로 이동시키며 피사체 프레임을 인/아웃시키는 연습을 한다.

마지막으로 기체를 높은 상공까지 상승시키고 카메라를 완전히 아래 방향으로 향한 후 전후, 좌우로 본인이 원하는 방향으로 움직이면서 피사체를 중앙에 위치시켰다가 프레임 아웃하는 연습을 한다.

이때 피사체를 화면 중앙에 위치시키기 위해 기체를 정지시켜야 하는데 처음 연습하다 보면 기체의 흔들림이 미세하게 발생하는 경우가 있다. 그러므로 기울어지거나 흔들리지 않도록 정지하려는 위치보다 이전에 미리 기체의 속도를 줄여 가며 앵글 안에 피사체를 위치시키는 연습을 반복하는 것이 중요하다.

---

31) 피사체가 카메라 화각 안으로 들어오는 것을 프레임 인(Frame In), 반대로 피사체가 프레임 바깥으로 벗어나는 것을 프레임 아웃(Frame Out)이라고 한다. 약자로 프레임 인은 F.I, 프레임 아웃은 F.O라고 쓴다.

비행을 시뮬레이션으로 어느 정도 익혔다면 실제 기체로 비행을 해 보고 싶은 생각이 간절해지지만, 이 기본 비행을 완벽하게 소화해 낸 다음에 필드로 나가 촬영하기 위한 기동을 해야 안전하게 비행을 할 수 있고 스스로 원하는 이미지를 정확하게 촬영할 수가 있다.

기초 기동을 위한 연습

실제 드론을 조종하다 보면 바람이나 지자기 오류로 인해 원하는 방향으로 기체가 비행을 하지 못할 때 가장 위험하다. 그리고 이때야 말로 본인의 비행 실력의 진가를 발휘할 수 있다.

그래서 시뮬레이션 연습을 할 때는 바람의 강도나 돌풍 등을 낮은 단계에서부터 어려운 단계까지 연습해야 하며, 이때 기체의 설정은 GPS 모드가 아닌 자세제어모드로 설정한 후 연습을 해야 실제 현장의 가장 위험한 상황에서 기체를 올바른 방향으로 조종하여 안전하게 착륙시킬 수 있다.

비행 시뮬레이터로 비행 연습을 충분히 해야 한다.

여기서 비행 시뮬레이터와 실제 비행과의 차이점을 살펴보면 다음과 같다.

요 소	시뮬레이터	실제비행
지자계 오류	지장 없음	오류 발생 시 기체 점검 필요
날씨 영향	365일 24시간 지장 없음	날씨와 일조시간에 영향 받음
바람	프로그램상 적용 가능하나 실제 비행과 약간의 차이가 있음	바람의 영향을 받으나 비행실력은 향상됨
배터리	시간제약 없이 비행 가능	별도의 관리가 필요하며, 체공시간과 연관 있음
촬영제약	1인 모드 위주의 연습	2인 모드 촬영 가능
촬영조건	한정된 구획	촬영답사나 사전계획 필요
제한요소	없음	인적, 물적 제한이 발생하기도 함
조종감각	평준화	개인에 맞게 설정 가능
촬영/비행승인	필요 없음	상황에 따라 필요

시뮬레이터 연습 영상

06 위성신호를 잡아라!

GPS[32]는 위성으로부터 현재의 위치를 파악하는 방식으로, GPS 안테나 위의 하늘이 넓게 열려 있어야 위성신호를 수신할 수 있다. 자동차를 운전하던 중 터널로 진입하게 되면 내비게이션이 위치를 찾지 못하는 것과 같은 이치이다. 물론 내비게이션의 종류에 따라 진입 전 이동 속도를 계산하여 어림잡아 차량의 위치를 표시해 주기도 하지만 이는 명확하게 위성신호를 수신한 것이 아니라 입력된 알고리즘에 의한 지도상 표시이다.

이렇게 위쪽이 막혀 있는 터널 안, 교각 아래, 실내 등 GPS가 위성신호를 수신하지 못할 경우 고집스럽게 GPS 모드로 설정하여 비행한다면 조종자가 원하는 방향으로 기체가 날아가지 못하는 경우가 발생한다. 따라서 GPS 수신과는 무관한 자세모드로 설정한 후 기체를 조종하여야 조종자가 원하는 방향으로 안전하게 기동할 수 있으며, 원하는 촬영을 할 수 있다. 이때 안전을 위하여 보

---

32) Global Positioning System(전지구 위치 파악 시스템) : 자북을 기준으로 위도와 경도를 계산하여 기체의 위치를 파악하는 장치

조 조종자는 기체의 움직이는 방향이나 장애물 등을 조종자에게 즉각 알려 주어 안전하게 비행할 수 있도록 도와주어야 한다.

GPS 신호는 위성신호[33]가 8개 이상 확인되면 비행을 할 수 있는데, 안전상 12개 이상 확인이 되어야 좋다. 그만큼 위성의 수량과 신호를 고정적으로 확보하려면 GPS 램프가 온전히 확인된 상태에서 2분에서 3분 정도 더 비행을 하지 않고 기다려 주는 것도 위성신호를 많이 확보하는 방법이다.

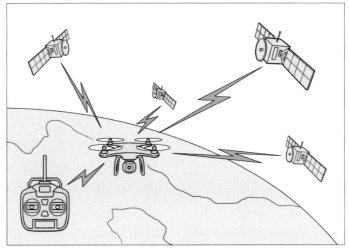

위성신호 개념도 : 수신되는 위성의 수가 많을수록 기체의 위치 파악이 정확해진다.

만약 위성신호가 약하다면 조종기와 기체의 전원을 다시 껐다 켜고 기다리면 이전보다 위성신호를 많이 확보할 수가 있다.

→ 참 고

GPS 수신량별 안정성

GPS 수신	6개 미만	6~10개	10~15개	15개 이상
상태	주의 요망	약간 주의	비행 양호	매우 양호

33) 실제 지구 주변에 마치 토성의 띠처럼 각 나라의 수많은 위성들이 위치해 있다. 이 위성들의 위치와 지구의 위도, 경도를 계산하여 현재 위치가 어디인지 파악할 수 있다.

07

GPS에 관하여

　완구용이나 레이싱 드론을 제외한 대부분의 드론은 GPS 안테나가 달려 있다. 이 장치는 비행을 안전하게 할 수 있도록 도와주는 장치이며, 상공에서 정확한 움직임과 정지 호버링(Hovering)[34] 시 위치를 안정적으로 고정시킬 수 있다.

　GPS 모드 비행의 경우 초당 수백에서 수만 번까지 FC(Flight Controller)가 GPS와 IMU(Inertial Measurement Unit)[35]에서 측정된 자세를 ECS(Electronic Controlled System)[36]로 신호를 보내 모터의 회전수를 조절한다. 이 장치들이 서로 유기적으로 통신을 하여 기체가 안정적인 비행을 하도록 도와준다.

---

34) 기체가 안정된 위치에서 물리적 접촉 없이 정지하여 있는 상태

35) IMU(Inertial Measurement Unit : 관성측정장치) : 이동 물체의 속도와 방향, 중력, 가속도를 측정하는 장치로, 3차원 공간에서 자유로운 움직임을 측정하려고 가속도계, 자이로스코프, 지자계 센서로 축을 이룬다. 가속도계는 이동관성을, 자이로스코프는 회전관성을, 지자계 센서는 방위각을 측정한다. IMU는 항공기를 포함하여 비행물체, 선박, 로봇, 사물인터넷 등 넓은 분야에서 쓰인다.

36) 전자제어변속기 : FC에서 신호를 받아 전기의 양을 조절하여 모터의 회전수를 조절하는 장치

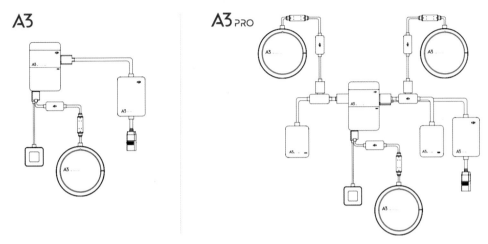

비행 컨트롤러(FC)와 연관 부속의 개념도. 출처 : DJI.com A3 매뉴얼

GPS는 호버링뿐만 아니라 안정적인 비행이 가능하도록 도와주는데 간혹 지자기 오류나 건물 내부 교각 하부 또는 기상 악화 등의 상황에 처해 있을 때는 GPS 신호가 잡히지 않을 수 있다. 이러한 상황에서는 자세모드(Attitude Mode, 자세제어모드)[37]로 비행을 하여야 안전하다. 그 이유는 GPS 모드로 비행할 경우 조종자가 원하는 지점으로 기체가 바르게 기동하지 않을 가능성이 매우 크기 때문이다.

반면 자세모드는 GPS 신호와 관계없이 비행이 가능하다. 단, GPS 신호가 잡히지 않기 때문에 정지 호버링이 되지 않아 조종자가 지속적으로 기체의 자세를 잡아 주어야 한다.

또한, 매뉴얼 모드로도 비행할 수도 있는데 자세모드와 다른 점은 자세모드는 단지 자세만 제대로 잡지 못하고 비행 고도는 안정적으로 확보되는 반면, 매뉴얼 모드는 고도가 안정적으로 확보되지 않기 때문에 지속적으로 스로틀의 강약을 조절하여 고도 유지를 해야 한다.

매뉴얼 모드는 일반적으로 스포츠 드론을 조종하는 사람들이 용이하게 활용하는 비행방법이기도 하다.

---

37) 비행하는 물체의 자세를 조종자가 제어하는 비행으로 조종기 스틱을 지속적으로 움직여 기체의 비행자세를 바로 잡아 주어야 한다.

어떠한 환경에서도 항공촬영을 수행하기 위해서는 Non-GPS 상태인 자세모드에서 비행하는 연습을 충분히 해야만 사고 없이 안전하게 좋은 영상을 얻을 수 있다.

이 비행은 사전에 시뮬레이터로 충분한 연습을 하여 기체의 손실을 줄일 수 있도록 하는 것이 좋다.

IMU 내 기압계 오류 주의

IMU는 사람의 귀와 같은 역할을 한다고 생각하면 이해하기 쉽다. 기체의 기울기나 고도, 비행속도 등을 IMU가 계산하여 FC로 정보를 보내 주면 FC는 기체의 자세를 제어하게 된다.

IMU는 사람처럼 눈이 없기 때문에 간혹 오류를 유발하기도 한다. IMU는 위쪽이 막혀 있는 상황에서 비행 시 더욱 주의를 기울이고 비행을 해야 한다. 이는 기체가 천정에 가까이 다가갈수록 기체 바로 위의 공기는 주변의 공기보다 상대적으로 희박해지기 때문에 기압차가 발생하는데 이때 조종자가 스로틀을 높이지 않아도 기체가 천정을 향해 상승하는 현상이 발생한다.

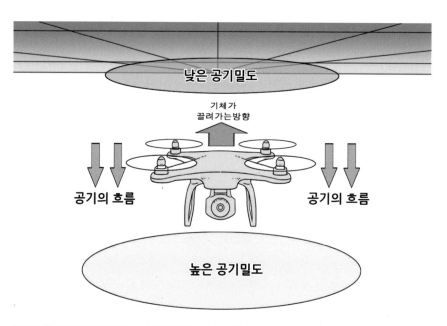

천정과 주변 기압차로 인해 IMU가 오류를 일으키기도 한다.

IMU의 오류는 주변 공기의 기압차에 의한 것으로 천정과 가까울수록 프로펠러가 밀어 내는 공기로 인해 기체의 상−하 사이의 공기밀도가 달라지게 된다. 이때 IMU가 자신의 고도를 잘못 인식해 천정으로 기체를 상승시키게 된다.

DJI사의 IMU 장치. 옆면의 작은 구멍을 통해 기압을 측정한다.

특히 완구드론을 가지고 놀다가 천정에 달라붙듯이 상승하는 경우는 흔히 볼 수 있다. IMU 내부의 기압계가 기압을 잘못 계산하여 발생하는 현상으로, 기체의 크기와 프로펠러 크기에 따라 오차의 범위가 다르게 나타나므로 조종자의 숙련도에 따라서 안전하게 조작할 수 있는 거리까지 천정으로부터 이격시켜야 안전하다.

한 가지 더 주의할 것은 숲 속에서 나무들 사이로 하늘이 보인다고 해서 위성수신이 잘될 거라고 생각하면 안 된다. 그것은 마치 우물 안 개구리처럼 하늘을 보는 것과 같아서 일부에서만 수신이 되는 위성신호로 자세를 잡는 것이므로 불완전할 수 있다.

이런 경우 나뭇가지가 프로펠러보다 위에 있더라도 프로펠러가 회전함에 따라 기압차가 발생하고 이 나뭇가지가 아래로 향해 기체의 윗부분이나 날개 윗부분을 가격할 가능성이 있다. 그리고 레이싱 드론이나 미니 드론의 FPV(First Person View)[38] 카메라를 통해 비행할 때가 있는데 숙련된 조종자도 드론이 나뭇가지 등에 걸리는 경우가 있기 때문이다.

---

38) FPV란 1인칭 시점을 뜻한다. 즉, 드론에 장착된 카메라에서 원격으로 영상을 송출해 마치 자신이 드론 시야에서 비행할 수 있게 만든 구조이다. 컴퓨터 게임을 예로 들면 1인칭 슈팅게임과 유사하다. FPV 방법으로는 스마트폰이나 태블릿 PC, 고글 등을 사용할 수 있다. 영상 전송하는 주파수 방식은 5.8GHz의 주파수를 사용한다.

하늘이 막힌 장소의 이착륙은 위험하다.

하늘이 보인다 하더라도 시야를 가리는 물체가 없어야 안전한 이착륙을 할 수 있다.

도심지 비행 주의

항공촬영 시 특히 도심지 비행에 각별한 주의를 해야 한다.

도심지와 같이 건물이 밀집되어 있는 아파트 단지 내에서 비행을 해야 하는 경우 즉, 건물의 안전검사를 위해 지상에서부터 꼭대기까지 수직으로 상승시키면서 외벽촬영을 해야 할 때는 혼자 촬영작업을 하기보다는 반드시 보조요원과 함께 비행을 관찰하는 것이 유리하다.

촬영자는 촬영용 모니터를 주시하며 건물의 외관을 살피는 일에 집중하고, 보조요원은 기체와 건물 간 거리나 주변 장애물을 확인하여 조종자에게 알려 주어야 한다. 특히, 기체가 건물 위쪽으로 상승할수록 건물에 가깝게 있는 듯한 착시가 생길 수 있기 때문에 보조도구인 망원경이나 기체에 소나[39] 또는 거리를 측정할 수 있는 보조카메라를 추가로 장착하여 모니터상에 시현(示現)되도록 하는 방법이 좋다.

최근에 시판되는 일부 촬영용 드론은 자체에 거리를 감지하는 센서가 내장되어 있는 다양한 제품이 출시되고 있어 촬영을 좀 더 용이하게 할 수가 있다. 그러한 안전장치나 편의장치가 있더라도 주의해야 할 것은 외벽이 유리벽면이거나 전파 반사가 잘되는 재질로 된 건물이 많은 공간에서는 GPS가 자신의 위치가 어디인지 명확하게 찾지 못하는 경우가 발생할 수 있다. 이것은 마치 햇빛이 건물 외벽에 반사되어 빛이 산란되는 현상과 유사하므로, Non-GPS 상태인 자세제어모드로 비행하는 것이 더 안전하다.

도심지에서의 항공촬영도 촬영장소가 금지 또는 제한구역인지 먼저 확인한 후 촬영승인을 받고 비행승인을 받아야 본인이 원하는 장소에서 원활한 촬영을 할 수 있다.

지자계 어플리케이션을 이용하자

위에서 언급한 모든 방해요소가 없는 상황인데 기체가 제대로 날지 못한다면 지자계를 확인해 보는 것이 좋은 방법이다. 이 지자계의 오류가 심해지면 기체가 컨트롤되지 않은 상태로 뒤집어져 추락하는 데스플립(Dath Flip) 현상이 발생하기도 한다. 이럴 경우 기체의 손상은 물론이고 지상

---

39) SONAR(Sound Navigation And Ranging), 초음파를 발사하여 되돌아오는 음파를 통해 해저에 있는 물체를 감지하기 위한 측정 장치(출처 : 다음백과)

에 있는 기물이나 사람이 크게 다칠 수도 있기 때문에 비행 전 컴퍼스 에러가 발생한 원인을 찾고 이상증상이 보이지 않도록 기체를 점검한 후 비행하는 것이 안전하다.

간혹 태양풍으로 인해 지자계에 오류가 생기기도 하는데 지자계[40]란 기체(機體)에 달려 있는 나침반, 즉 지자계 센서의 오류[41]로서 강한 자성체가 센서에 가까이 가면 센서가 정상으로 작동하지 않을 수 있다. 보통 '캘리브레이션(Cali, Calibration)'을 조정하면 회복되지만, 회복이 안 될 때가 있다. 나침반은 기체가 동서남북, 기울기 등의 입체적인 방향을 인지하는데 나침반 오류로 인해 방향을 상실하면 GPS를 통해 홈으로 오고 싶어도 다른 방향으로 갈 수 있다. 지자계 센서의 오류는 기체가 기울어져 날거나 카메라가 삐딱하게 되는 여러 가지 원인 중 하나이다. 이동과정에서 차량 등의 진동으로 스피커, 자석 드라이버 등과 가까이 했거나, 교량이나 철근이 내장된 건물, 철 구조물 등에 위치하여 자성체의 영향을 받은 경우 보정(캘리브레이션, Calibration)은 필수이다.

지자계 오류가 발생하는 또 다른 원인은 교각, 철 구조물, 고압선 인근 또는 주유소나 철도 부근에서 발생하게 되는데, 그 이유는 기체 주변에 자성에 친숙한 철제가 자리 잡고 있어 기체 자체에 있는 컴퍼스에 교란을 주기 때문이다. 이는 우리가 흔히 사용하는 나침반에 철제를 대면 바늘이 철제 쪽으로 움직이는 현상과 같다.

그러나 이런 지역에서도 100% 오류가 발생하는 것은 아니다. 오류가 발생할 가능성이 다른 지역보다 상대적으로 높아 주의를 요할 뿐이며 실제 고압선이나 철도교각의 안전점검에 드론이 많이 활용되고 있다.

실제 가우스미터[42]로 측정해 보면 우리 주변의 생활 자기장 수준 정도로 나타나는 경우도 있다. 전신주 주변보다 자기장을 많이 내뿜는 생활소품이 있는데 그것은 바로 우리가 항상 주머니에 보관하거나 이동하면서 마음껏 이용하는 휴대전화나 각종 모바일 기기이며, 이것은 훨씬 많은 자기

---

40) 지자계(Earth Magnetic Field)는 지구상 임의의 한 지점에 자침을 놓았을 때, 그 부근의 공간이 형성하고 있는 자계이다. 이에 따라 자침은 항상 남북을 가리키는 것으로 지도상의 진북과는 다른 자기상 북극을 말한다. 우리가 차량에서 사용하는 내비게이션도 이 자기상 북극을 이용한다.

41) Compass Error : 나침판 오류

42) 가우스미터(Gauss Meter) 자기력선 속 밀도를 간단하게 측정하는 측정기구이다. 자기력선 속 밀도의 CGS 전자기단위계가 가우스(G)이므로 가우스미터라고 한다. 2~3만G(가우스)까지 자기의 세기를 정확하게 측정할 수 있다.

장 지수를 나타낸다. 따라서 기체의 캘리브레이션[43]을 기체의 상태나 장소에 따라 조정해 주면 안전하게 비행할 수 있다. 휴대전화 등이 없는 상태에서 캘리브레이션 조정을 하는 것이 정확하다.

현재의 지자기 성분과 태양활동이 조용한 날의 지자기 성분 차이를 3시간 간격으로 측정하여 0부터 9까지 등급화시킨 것을 K지수라고 하며, 지구 전역에 분포하고 있는 관측소에서 각각 계산된 K값의 평균을 지자계지수(Kp지수)[44]라고 한다.

지구자기장 지수가 5 이상일 경우 전력, 위성, 통신장애 등이 발생할 확률이 매우 높고, 특히 GPS 등을 이용한 항법시스템을 이용하는 경우 지자기 통신교란으로 인한 GPS 장애가 발생할 가능성이 있으므로 비행을 자제해야 한다.

지자계 수치는 0에서 9까지의 숫자가 표시되며 높을수록 주의를 요한다. 간단하게 정리하면 다음과 같다.

- 0~4 : 안전, 지자계 교란주의 없음
- 5 : 주의 요망(언제든 교란의 위험성이 존재함)
- 6~7 : 위험(지자계 교란 위험이 아주 높으며, 중요한 경우가 아니라면 비행 금지, 이상 시 Attitude 모드 전환이 안전)

지자계지수를 확인할 수 있는 방법은 스마트폰 어플리케이션인 'Ready to Fly'와 'Safe Flight' 등으로 지자계뿐만 아니라 날씨와 비행공역 등의 정보를 함께 확인할 수 있다.

---

43) 캘리브레이션(Calibration) 기체의 현재 위치나 방향 등을 교정하는 작업을 말하며, 컴퍼스 오류나 지자계 오류가 발생할 경우 이를 교정해 주어야 기체가 올바르게 기동할 수 있다.

44) Kp는 미국 NOAA SWPC(Space Weather Prediction Center)에서 위도 44~60° 사이의 8개 지자기 관측소에서 구한 K 지수를 통합하여 산출하고 있다. SWPC는 일분 단위의 지자기 관측 자료를 이용하여 Kp 지수값을 실시간으로 모니터링 한다. 실시간으로 지자기관측소에서의 자료를 사용할 수 없는 경우에는 사용 가능한 자료를 바탕으로 한 지수를 이용해서 가장 적절한 예측값을 산출한다. 우주전파센터는 Kp지수에 우리나라 지역의 지자기 활동 상황이 반영될 수 있도록 제주지자기관측소 자료를 SWPC에 실시간 전송하여 Kp지수를 개선할 예정이다(출처 : 국립전파연구원 우주전파센터).

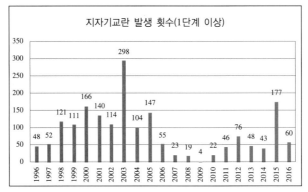

지자기교란 발생 횟수(1단계 이상)

1996~2016년 지자기교란 경보 발생 횟수　　　(출처 : 국립전파연구원)

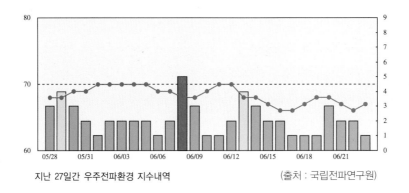

지난 27일간 우주전파환경 지수내역　　　(출처 : 국립전파연구원)

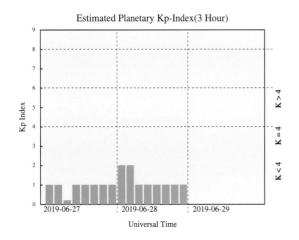

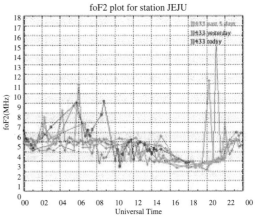

(출처 : 국립전파연구원)

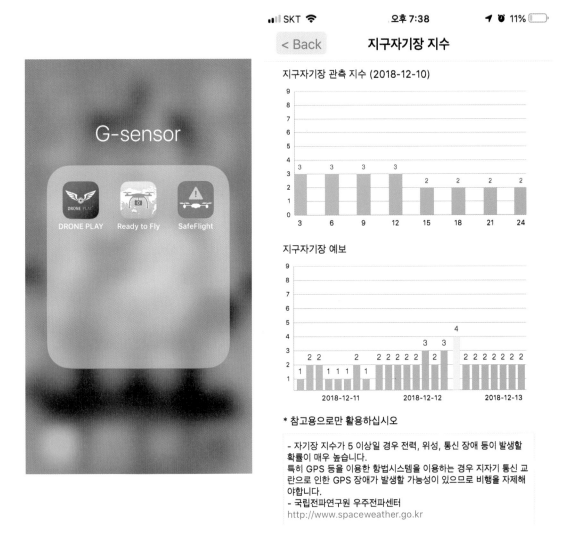

지자계 오류가 심한 경우 조종기 스틱의 전진 키 신호를 넣어도 전진이 아닌 대각선으로 움직이거나 이착륙 시 오뚝이처럼 움직이다가 넘어지는 경우가 발생하기도 한다.

간혹 일상의 생활 무전기와 같은 전파로 인해 컨트롤되지 않을까 하는 걱정이 있을 수 있지만, 실제 농번기의 방재활동 현장을 보면 부조종자가 다른 쪽에서 기체가 전답을 넘어 가는지, 위험한 부분이 있는지 주조종자에게 무전기로 알려 주는 상황을 즉시 확인할 수 있으며, 이 밖에도 드론을 활용한 여러 현장에서도 무전기를 활용해 드론의 운용을 돕는 경우가 많다. 따라서 생활 무전기로 인한 드론의 전파 방해는 거의 없다고 생각해도 된다.

촬영장소 파악

GPS 모드 비행은 가장 안전한 비행모드이자 일반적인 비행에 많이 사용되고 있다. GPS 모드 비행을 할 때는 반드시 전파가 모두 닿을 수 있는 개활지를 확보해야 한다. 또한 개활지 확보 시 기체의 이착륙 장소는 해를 등지고 있는 곳인지 최우선으로 고려하여 선택하는 것이 바람직하다. 왜냐하면 해를 등진 상태에서 기체의 전방이 어디로 향해 있는지 방향 파악이 용이하고 기체 간 거리에 대한 감각도 좋기 때문이다. 반대로 기체를 역광의 위치에서 조종하면 기체가 태양 근처나 태양과 일직선상에 위치할 때 '시야증발현상'이 발생하고, 이 순간 눈이 물체 식별을 하지 못해 기체를 안전하게 비행시킬 수가 없다.

개활지 확보가 어렵다면 촬영장소에서 가장 높은 곳을 선정해야 전파가 막히는 지점 없이 기체와 송수신기 간 통신이 원활하다. 전파는 빛과 같이 직진성이 있기 때문에 중간에 어떤 물체에 막히게 되면 통신두절(No Control) 상태가 되기 때문에, 드론의 추락 가능성과 지상의 인명피해 가능성이 높아진다. 따라서 충분한 개활지를 확보하고, 이착륙과 조종자의 위치를 촬영장소보다 높은 고도에 선정하는 것이 가장 기본적인 사항이다. 특히 피해야 할 장소는 전파 도달각도가 좁은 골짜기나 빌딩 숲 한가운데와 같은 지역은 피해야 한다. 즉, 자신이 조종을 하는 위치에서 기체가 어떤 물체로 인해 절대로 가려져서는 안 된다. 기체가 가려지면 통신두절 상태로 드론을 잃어버리는 등 인적·물적 피해가 발생할 수 있기 때문이다.

촬영장소에 건물이나 산등성이 혹은 큰 나무와 같은 전파 송수신을 방해하는 물체가 있다면 항공촬영은 좁은 범위에서 할 수 밖에 없다.

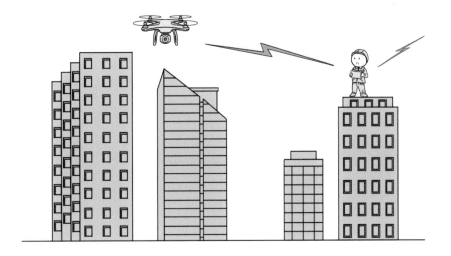

더 넓은 범위의 항공촬영을 하려면 전파의 방해물이 적은 장소에서 조종하는 것이 바람직하다.

촬영장소에 대한 사항까지 파악이 되었다면 어느 정도 촬영에 대한 준비는 이루어졌다.

이제 Location Planning에 대해 살펴보기로 하자!

기상파악

촬영 날 해당 장소의 기상 파악은 기본적인 사항이다.

촬영하기로 한 날에 해당 장소의 기상이 어떤지 파악해야 하는 것은 가장 기본적인 사항이다. 만약 촬영 의도가 눈 내리는 풍경을 화면 가득 담고 싶었다면 해당 날짜를 선택해서 촬영하는 것이 당연하고, 침수에 대비하여 촬영 전후에 점검을 확실히 해야 할 것이다.

기체에 따라 차이는 있겠지만 바람의 세기가 초속 10m/s 이상이면 기체가 바람에 밀려 나가거나 바람을 이기려고 기체가 기울어지게 되는데 이런 상황에서는 원하는 이미지나 영상을 얻기가 어렵다.

촬영시간 선정

첫째, 촬영장소 날씨 파악 후 중요한 것은 촬영시간의 길이를 정하는 것이다.

초창기 필자가 사진을 배울 당시에는 한 지역에서 새벽부터 땅거미가 질 무렵까지 촬영을 한 적도 있다. 20대로 혈기 왕성하던 그 시절에는 필름 소비도 많았던 때였다. 지금 여유가 있다면 그렇게 다시 해 보고 싶은 작업들이 있지만 드론 분야에도 개척할 일들이 많다.

둘째, 촬영장소 날씨 파악 후에는 촬영시각 선정이 중요하다.

촬영시각은 사전에 일출촬영인지 일몰촬영인지 선정하고, 일출촬영이라면 새벽의 미명이 오기 이전에 미리 촬영 포인트에 도착해 준비를 해야 할 것이고, 일몰촬영이라면 해가 지는 방향의 광선이 가장 아름답게 보이는 시간과 장소를 미리 알고 준비를 해야 하기 때문이다. 특히, 일출이나 일몰의 색이 아름다울 때의 선택은 비나 눈이 온 이후 하늘의 구름 양이 $\frac{4}{8}$이나 $\frac{6}{8}$ 정도일 때 색감이 가장 다양해진다.

가장 적절한 촬영시각이 될 때까지 그 기다림과 준비 속에 일출과 일몰의 오메가를 담아 낼 수 있다면 정말 멋진 한 컷이 될 것이다.

➔ 참 고

하늘의 날씨가 너무 청명하거나 미세먼지가 거의 없는 날은 아름다운 노을을 만나기가 어렵다. 노을의 색이 짙어지려면 공기 중 먼지입자들이 떠 있거나 수증기가 섞여 있을 때 아름다운 색의 노을을 볼 수 있다.

또한 일출과 일몰과는 관계가 없는 지적도나 건축시공현장의 진행 상황을 촬영하는 경우에는 해가 남중한 시간대를 이용하는 것이 피사체의 가장 명확한 이미지를 촬영할 수 있다. 이러한 각종 시설물들의 안전점검 촬영을 할 때도 해가 높이 떠 있는 시간대에 촬영하는 것이 좋다.

영화나 CF의 촬영이라면 태양의 일주에 따라 2시간 정도의 시간차를 두고 색상이 조금씩 바뀌기 때문에 적절한 시각에 촬영을 하지 못한다면 그 분량의 촬영일자는 다음으로 미루어져 기일이 늘어나게 된다. 물론 영상 후반작업을 통해 어느 정도 색감을 맞추어 볼 수는 있겠지만 카메라에서 받아들이는 기본적인 색감은 달라 보일 것이고, 이 빛의 색상을 매시간마다 화이트나 그레이 카드에 대고 조정하는 것은 용이하지 않다.

셋째, 색감이 좋지 않을 때 임의로 빛의 색을 조정해 주는 것이 색온도 조절이다.

색온도(色溫度, Color Temperature)[45]는 광원의 색을 절대온도를 이용해 숫자로 표시한 것이다. 붉은색 계통의 광원일수록 색온도가 낮고, 푸른색 계통의 광원일수록 색온도가 높다. 온도는 전통적으로 절대온도 단위인 켈빈을 사용한다.

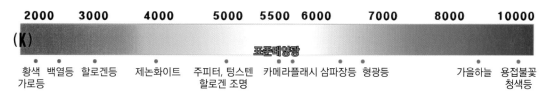

색온도 그래프

촬영시각에 따라 빛의 색뿐만 아니라 그림자의 길이 또한 달라지게 된다. 그렇기 때문에 촬영시간의 선정은 중요한 요소이다.

보다 명확한 색상과 일정한 명암을 촬영에 담아내기 위해서는 당일 다 촬영하지 못한 부분은 다음날 같은 시각에 나머지 부분을 담아내면 비슷한 색감과 비슷한 명암에 근접할 수 있을 것이다.

이미지의 색감에 대한 내용은 촬영색상 설정 편에서 한번 더 살펴보기로 하자!

---

45) 광원에서부터 분류되는 다양한 분광을 나타내는 단위. 켈빈 온도(Kelvin scale), K로 표시한다. 이 단위는 영국의 물리학자이자 수학자였던 윌리엄 톰슨(William Thomson, 1824~1907)의 작위인 켈빈의 이름을 따서 명명되었다(출처 : 위키백과).
인간의 눈은 가시광선을 백색으로 인식하지만 사실은 짙은 청색에서 밝은 적색까지 퍼져 있다. 해 뜨기 전은 푸른색이 강하고 붉은 빛이 결여되어 있으며, 해가 뜨고 질 때에는 푸른빛이 약하다. 자연광의 경우 시간과 날씨에 따라, 인공광의 경우 광원과 전압 등에 따라 색온도가 변한다. 컬러필름은 인간의 눈과 같은 순응 작용이 없기 때문에 촬영 시 색온도의 변화가 촬영 결과에 직접적인 영향을 미친다.

촬영색상 설정

촬영 시 눈으로는 인식을 하지 못하지만 카메라에서는 미묘한 광선의 색상들이 다르게 보일 수 있다. 이때 카메라의 설정에서 좀 더 색감을 조정해 줄 수 있다.

카메라 설정을 보게 되면 AWB라고 적혀 있는 오토 화이트 밸런스 외에도 태양광, 구름, 백열등, 형광등, 커스텀 등이 있는데, 이 설정들이 색온도 그래프에 있는 것들과 유사한 톤을 보여 주고 있다.

그리고 픽처스타일 부분은 샤프니스나 소프트 그리고 톤의 조절이 가능 하며, 컬러설정 부분을 보게 되면 ART, VIVID 등등 여러 가지 설정들이 있는데 이러한 것들 모두 색온도를 적절하게 조합하여 분위기를 만들어 주는 역할을 하는 것이다.

카메라 설정의 색감 예시는 다음과 같다.

자동 – 일반적인 촬영에 쉽게 적용시킬 수 있다.

맑음 – 쾌청한 날 푸른빛을 약간 감쇠시키는 기능을 하나 색감은 또렷하다.

흐림 – 햇빛이 직접 닿지 않는 어두운 조도에 적합하다.

백열등 – 백열등의 노란빛을 감쇠시키는 기능을 한다.

형광등 – 형광등 특유의 푸른 색감을 줄여 준다.

K2000 – 붉은 계열의 색온도를 감쇠시켜 준다.

K10000 – 푸른 계열의 색온도를 감쇠시켜 준다.

K5200

색온도를 보게 되면 이전 챕터에서 켈빈온도라고 하는 색온도에 관한 표를 확인해 보면 2000K 일 때 붉은 계열이고 1000K일 때 푸른 계열임을 확인할 수 있을 것이다. 그러나 막상 해당 색온도 에 맞추어 촬영을 해 보면 그 반대의 색을 확인할 수 있을 것이다.

백열등 색감을 봐도 비슷한 의문을 갖게 될 것이다. 그 이유는 실제 촬영되는 빛과 반대되는 색 을 이미지센서가 더 두드러지게 해서 색끼리 서로 상쇄시키는 역할을 하기 때문이다.

컬러 설정별 색감 차이

D–Cinelike – 명암이나 색감 차이가 부드럽게 느껴진다.

D–Log – 기본 색상값을 인식해 원본은 밋밋해 보일 수 있으나 후보정이 유리한 이미지를 얻게 된다.

보통 – 일반 촬영모드로 색감이나 명도가 자동으로 조정되어 편하게 사용할 수 있다.

Art – 높은 채도의 색상을 구현해 선명한 이미지를 얻을 수 있다.

B&W – Black and White의 약자로 말 그대로 흑백이미지를 얻게 된다.

Vivid – 색감이 극명하고 생생하게 나타나게 되어 채도가 높아 주로 밝고 화사한 이미지를 얻을 수 있다.

Beach – 해안가의 작열하는 태양 빛 아래에서 촬영한 듯 약간 붉은 빛이 감돈다.

Dream – 색의 대조나 대비가 부드러워진다. 꿈 속같은 느낌을 주기 때문에 Dream이라는 명칭을 사용했다.

Classic – 색상의 지나친 명부와 암부를 약간 감소시켜 보여 준다.

Jugo – 세피아톤이 약간 들어가 있어 분위기 있는 이미지를 보여 준다. 일명 Nostal-gia 라고도 한다.

촬영현장 전체를 파악해야 한다

촬영장소 파악에서 한 가지 더 잊지 말고 확인해야 하는 부분은 '현장의 공간을 읽는 방법'이다.
책의 활자도 아닌 현장을 과연 어떻게 읽을 것인가? 그것은 미리 준비한 지도나 항공 뷰를 현장
에 가지고 나가 직접 비교해 보는 것이다. 드론을 하늘 높이 상승시켜서 주변 경관을 한꺼번에 둘
러보도록 한다. 일단 주변경관을 한눈에 볼 수 있는 위치에 있다면 멋진 경관이 먼저 눈에 띌 것이
다. 이 경관을 각각 주제와 부주제로 삼아 촬영계획을 구상할 수 있다. 따라서 현장에서 비행 시 걸
리는 전선이나 전신주 등의 위치 파악은 기본이고 촬영하고자 하는 피사체와 주변경관이 어떻게 어
우러져 있는가를 보는 눈이 필요하다.

촬영 전 항공사진으로 방위를 확인하고 이착륙 포인트와 지형을 확인한 후 답사를 떠난다면 효율적인 촬영을 할 수 있다.
팔당호 항공사진(출처 : 다음지도)

건축물의 경우 배경에 자연물이나 다른 건축물 등의 인공물이 있는지를 파악하고, 그것들이 각
각 주제와 부주제로 어떻게 어우러져 있는가를 살펴보는 것이 중요하다 예를 들어, 산세가 아름다
운 곳 중심에 사찰이나 암자가 있다고 가정했을 때 건축물을 먼저 촬영하고 배경으로 산세를 살짝
보여 줄 것인가 또는 아름다운 산의 경관을 먼저 보여 주다가 건물을 프레임 속으로 끌어와 원래

보여 주려고 하는 주피사체를 부각시킬 것인가를 결정한다. 물론 두 가지 모두 촬영해서 베스트 샷을 고를 수도 있다. 그러나 현장 상황이 기체를 조종하는 조종자의 위치나 경로상 제약이 있을 수 있기 때문에 가장 우선하여 경관을 확인해야 한다. 전체 상황을 토대로 경로를 설정하고 촬영에 임하면 배터리의 낭비나 영상메모리의 낭비를 줄일 수 있다.

TV 프로그램이나 영화를 보다 보면 특정장소의 장면이나 장소가 바뀌면 전체를 보여 주는 풀 샷(Full Shot) 영상을 볼 수가 있고, 그 이후 중간 묘사나 구체적인 설명을 위해 근접 샷이 이어진다. 이러한 피사체에 대한 이미지의 크기 차이나 구도 차이는 영상에 있어 기본적인 규칙과 같다.

항공촬영에서도 이러한 규칙에 따라 피사체에 대한 앵글과 크기를 다양하게 바꾸어 가며 촬영하면 영상 편집에서도 필요한 소스가 다양하고 풍부해진다.

이 기본적인 규칙을 숙지했다면 한 가지 더 새겨야 하는 습관이 촬영 호흡이다.

항공촬영의 경우 '촬영 시 호흡을 넣는다'는 것은 대체로 기체가 이동하거나 카메라의 앵글이 변화하면서 작업이 진행될 때 편집을 용이하게 하려면 먼저 무빙하기 전 3~4초 정도 정지된 상태를 유지한 후 무빙하여 촬영하고 마지막에도 3~4초 정도 멈춰 있는 부분을 함께 녹화하는 것이 중요하다.

이것을 '편집점'이라고 하는데 마치 책의 첫 장이 백지인 것과 같고 연극 1막 1장 시작 전의 암전과도 같다. 이러한 부분이 꼭 필요한지 의문이 들 수도 있지만, 이 3~4초의 호흡을 무시하고 계속 촬영한 후 편집을 해 보면 영상이 컷과 컷 사이가 급하게 연결되거나 어딘지 모르게 튀는 느낌을 받을 것이다. 그러나 호흡이 들어간 부분이 단 0.5초라도 함께 편집되어 있으면 영상의 컷과 컷 사이가 여유 있게 이어져 안정감 있는 편집이 된다.

➔ 참고

항공촬영이 보편화되기 이전에는 전체가 잘 보이는 전경사진이나 영상을 촬영을 할 때 한 명은 방송용 카메라를 짊어지고 다른 한 명은 삼각대와 카메라 배터리를 들고 촬영현장의 가장 높은 산이나 빌딩 옥상으로 올라 가야만 했다. 단 한 컷을 위해 2~3명이 산꼭대기까지 몇 시간을 걸어올라 가야 하는 예전방식과 비교한다면 항공촬영은 월등히 효율적이고 부가가치가 높은 분야이다.

제3장

촬영모드와
기법

01

카메라의 기본 앵글 개념 잡기 (3분할, 리드룸 및 여백 개념)

항공영상을 설명하기에 앞서 분할 화면과 구도에 관한 설명이 전제되어야 한다. 그 이유는 항공촬영 영상은 대체로 고공에서 이미지를 촬영하므로 초보자의 경우 촬영영상이 모두 근사해 보일 수 있기 때문이다. 그것은 마치 경치 좋은 높은 산 위에 올라 사방을 내려다 볼 때의 기분이거나 비행기를 타고 창밖의 풍경을 바라볼 때 느끼는 감상과 같다. 이런 상황에서는 앵글의 어떤 부분이 이상한지, 기체의 움직임이나 카메라 짐벌의 시점 이동이 왜 이상한지 알아채기가 어렵다.

처음 배울 때 촬영했던 영상을 몇 년이 지나 항공촬영 기술을 갈고 닦은 후 다시 보게 된다면 민망한 순간이 올 것이다. 그러므로 기본이 되는 구도를 제대로 배워야 한다.

누구나 처음에는 어설프기 마련이다. 말이나 걸음마를 처음 배울 때나 외국어를 처음 배울 때에도 모두 어설펐던 것처럼 항공촬영 역시 이런 단계가 있기 마련이고 처음 촬영이 이상하다고 해서 절대 실망할 일이 아니다. 일단 안정적인 비행과 구도를 보는 눈이 중요하므로 자신의 영상에서 이상한 부분을 발견한다는 것은 그만큼 발전 방향으로 한걸음 전진하고 있다는 증거가 된다.

고공에서 촬영된 산길 이미지

　구도를 조금 더 쉽게 익히는 방법은 구도에 대한 기본개념을 이해하는 것이며, 가장 기본이 되는 구도에 대하여 일단 알고 넘어가도록 해야 한다.

　물론 사진이나 영상에 조금이라도 지식이 있는 사람이라면 항공촬영(Aerial Photography, Aerial Imaging, Aerial Video)과 지상촬영(Ground Shooting)은 다르지 않느냐고 반문할 수 있다. 그러나 주피사체를 앵글 안에 어떻게 배치하여 강조하느냐의 개념은 모두 같은 성격을 지니고 있다.

　항공촬영은 스틸 이미지의 촬영과 동영상 촬영으로 크게 나누어 볼 수 있고, 두 종류의 촬영은 약간의 차이는 있으나 거의 대동소이(大同小異)하다. 스틸 이미지는 파노라마 사진으로, 영상을 패닝샷으로 대체하여 보여 주는 경우가 대표적 사례이다. 쉽게 설명하면 파노라마 사진에서 전체를 한꺼번에 보기보다는 한쪽 끝에서 다른 쪽 끝으로 시선을 이동시켜 가며 보는 것이 패닝샷이다.

이외에도 한장의 사진에 묘사가 어렵거나 입체적인 설명을 하려고 할 때에도 영상이라면 훨씬 쉽게 보여 줄 수 있다. 다만, 영상은 시간이 흘러 모든 이미지를 보여 줄 수 있는 반면 스틸사진은 단 한 장으로 한꺼번에 모든 것을 묘사할 수가 있다.

다른 예로는 상공에서 도로를 촬영했을 경우의 영상은 그 길을 따라 움직이는 사람이나 자동차의 속도를 보고 그 길의 크기를 대략 가늠해 볼 수 있지만 사진은 단지 화면상에 찍힌 사물의 크기로 어림짐작하여 판단할 수밖에 없을 것이다.

우리가 학창시절 미술교과서에서 배웠던 유명한 명화들 중 주제와 부주제를 캔버스 안에 어떻게 배치시키느냐 하는 방법과 묘사 방법에 대해 배운 기억이 있을 것이다. 기억나지 않는다면 지금 배워도 늦지 않다.

구도의 가장 기본은 바로 수직과 수평을 잘 맞추어 촬영하는 것이다.

아무리 잘 촬영된 이미지라도 수평이나 수직이 잘 맞지 않는다면 심리적으로 안정감을 얻기가 어렵다.

스틸사진의 경우에는 후보정을 통해 다시 수평을 맞추어 일부분을 잘라낼 수 있지만 영상은 그렇게 맞추기에는 시간과 노력이 훨씬 많이 소요된다.

3분할

수직과 수평을 맞출 때 우선 가장 기본적인 3분할에 대하여 알아보자. 스틸을 포함한 영상이미지의 기본은 3분할을 어떻게 잘 나누느냐에 따라 안정감 있는 구도가 되기도 하고 반대로 답답함을 주기도 한다.

여기서 가장 기본적인 3분할 화면의 구도는 주제와 부주제의 위치 선정과 말하고자 하는 것을 이미지로 표현하는 데 도움을 준다.

3분할 기본 이미지

전통적인 회화 중 정물화에서 3분할이 잘 표현되어 있음을 알 수 있다.

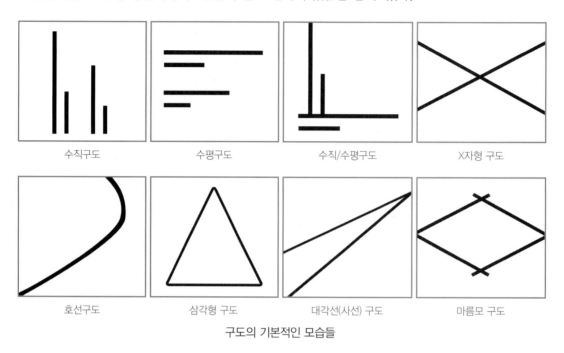

수직구도	수평구도	수직/수평구도	X자형 구도
호선구도	삼각형 구도	대각선(사선) 구도	마름모 구도

구도의 기본적인 모습들

　3분할 구도에서 인물의 경우 화각, 피사체의 사이즈에 따라 사람의 얼굴이나 눈높이를 위쪽 수평선에 맞추어 촬영하면 안정적인 구도를 쉽게 만들 수 있다. 이는 인상 사진 이외의 피사체에 대해서도 비슷하게 적용된다. 항공촬영의 경우 정지해 있는 이미지가 아닌 앵글이 지속적으로 이동하는 영상이기 때문에 피사체 또한 화면 내에서 움직이는데, 이때 흘러가는 피사체를 그대로 두는 것이 아니라 3분할한 화면 내의 중심 $\frac{1}{3}$ 지점에 잠시 멈추어 촬영하는 것이 주제를 보여 주는 효과적인 방법이다. 단, 화면 $\frac{1}{3}$ 중심 내에 완전히 정지하기보다는 화면의 가장자리에서 중심까지 피사체의 이동속도를 다르게 구성하여 화면 중심의 $\frac{1}{3}$ 지점에 천천히 머물렀다 다시 프레임 아웃하는 방법으로 촬영하면 전체 공간의 묘사와 주피사체를 부각시키는 데 좀 더 효율적이다. 즉, 영상이 흘러가는 중 피사체가 나타나면 중심 부위(화면 중심 $\frac{1}{3}$ 위치)에 조금 더 천천히 머무르듯이 위치시키다가 화면의 다른 쪽으로 빠져 나가게 하는 촬영이다.

　일단 구도에 대한 개념과 함께 병행하여 고려할 사항이 바로 화면 안에 보여지는 내용들을 정리해야 한다는 것이다.

사진에서 보는 것처럼 멋스런 고택의 사진에 자동차가 주차되어 있다. 자동차 광고가 아니라면 이런 이미지들은 앵글 안에서 정리할 필요가 있다.

화면처럼 자동차가 있는 부분을 카메라의 위치를 달리해 보이지 않게 촬영하였다. 이전의 자동차가 보이는 사진보다 고택에 더 집중할 수 있는 구도가 되었다. 영상 촬영 또한 마찬가지로 상공에서 보이는 앵글을 어떻게 잡느냐에 따라 촬영자의 의도를 보여 줄 수가 있다.

구도[46]에는 호선구도, X자 구도, 사선구도, 수직/수평구도 등 다양한 구도가 있고 이런 구도들은 우리 일상에서 쉽게 만나볼 수 있다. 몇 가지 구도들에 대해 간단히 살펴보자.

호선구도

호선구도는 도로, 호숫가, 해안선, 하천 등의 외곽을 따라 보이는 이미지를 말하며, 큰 움직임과 공간감이 풍부한 원근법을 주어 역동적인 모습을 촬영하기에 좋다.

주피사체가 호선구도 내에 있을 때 자동차나 배 또는 새들처럼 화면 내에서 움직이는 물체들이 지나가는 것이 보인다면 전체적인 흐름이나 촬영 기체의 움직임을 통해 시선을 바꾸어 가며 다양한 공간을 보여 줄 수 있다. 예를 들어, 호선구도가 보이는 해안선에 도로가 있고 그 도로 위를 지나가는 차량을 따라 촬영한다면 피사체를 역동적으로 촬영함과 동시에 배경의 전체 규모를 한 번에 표현할 수 있다.

호선구도는 동적인 느낌을 준다.

---

46) 그림에서 미적 효과를 얻기 위하여 전체적으로 조화되게 배치하는 도면 구성의 짜임새

X자 구도

X자 구도는 공간감이나 평면의 화면에서 입체를 설명해 주는 방법으로 활용되어 왔다. 가장 대표적인 X자 구도의 그림은 회화작가로 유명한 마인더르트 호베마(Meyndert Hobbema)의 대표작 '미델하르니스의 가로수길(The Avenue at Middelharnis)'이라는 작품에 잘 나타나 있다.

전형적인 X자형 구도. X자 중심으로 가상의 선을 이었을 때 가운데 부분에 모든 선들이 모이게 된다. 이렇게 선이 모이는 부분을 소실점이라고 한다.

이 구도의 특징은 화면 중앙으로 주변에 연결되는 선들을 이었을 때 중앙으로 모두 모이는 구도이며, 가운데로 모이는 지점을 소실점[47]이라고 한다. 이 구도는 항공촬영 시 직선비행 촬영에 적합한 구도이다. 이를 응용하여 전·후진 비행을 하면서 양쪽 가장자리로 물체들이 흘러가듯이 촬영하면, 피사체가 화면 멀리에서부터 중심 가까운 거리로 점차 두드러지게 보여지는 영상촬영 시 효과적이다.

---

47) 소실점(消失點, Vanishing Point)이란 눈으로 보았을 때, 평행한 두 선이 멀리 이동하여 한 점에서 만나는 점이다. 투시원근법(선원근법 : Liner Perspective)을 쓸 때 존재하는 것이며, 물체의 선을 연결한 수평선상에 있다. 소실점이 확인되면 공간의 입체감을 파악할 수 있다. 소실점은 원근법에서 실제로는 평행선으로 되어 있는 것을 평행이 아니게 그릴 때, 그 선이 만나는 점이다. 이 점은 이론적으로는 무한 원점이다. 원근법의 종류에 따라 복수의 소실점이 존재한다.

이와는 약간 다른 기동으로 X자 구도의 좌측이나 우측 끝에서 화면의 반대편 방향으로 이동하며 촬영을 하면 X자 구도의 소실점을 지나치게 된다. 이 화면은 가장자리에서 중심을 지나 반대 방향으로 지나가는 영상을 얻을 수 있는데, 이 기동은 전체적인 공간과 주변 피사체와의 관계를 설명해 주는 데 효과적이다.

사선(대각선)구도

사선구도는 피사체나 글자 등을 사각으로 기울여 배치한 구도이며, 수평/수직구도보다 가독성과 안정감이 부족하다. 이 영상은 보는 사람으로 하여금 집중과 긴장을 느끼게 하는데, 편안한 구도가 아니므로 일시적인 주의를 끄는 데 효과적이다.

대각선 구도는 선이 모이는 곳으로 시선이 집중된다.

수평구도와 대각선 구도가 함께 있는 구도

수평구도

　이 구도는 화면을 지평선과 하늘로 나누거나 수평선과 하늘로 나누기 쉬운 구도이다. 대체로 안정감이 있으며, 나뉘어지는 중심 위치가 상중하 어느 지점에 있든지 촬영자의 의도가 있음을 알 수 있다.

수평구도는 화면이 2분할되는 일반적인 구도이다.

수직구도

　수직구도는 주로 높이 솟아 있는 빌딩이나 거대한 나무 등을 설명할 때 쉽게 표현할 수 있는 구도이다. 이때 시선이 아래에서 위로 보는 구도와 위에서 아래로 보는 구도로 나누어진다.

수직/수평구도

　수직구도와 수평구도가 공존하는 것을 말하는데, 넓은 대지나 수평선 한쪽으로 우뚝 솟은 건축물이나 나무 등을 설명하기에 알맞은 구도이다.

수직/수평 구도의 일반적인 이미지

삼각형 구도

여러 물체를 한곳에 집중시키거나 산이나 조형물을 원거리에서 촬영하였을 때 중심에 보이는 이미지를 설명하는 구도이다. 보통 다른 보조 피사체가 없거나 주피사체가 강조되어야 할 때 많이 사용하는 구도이다.

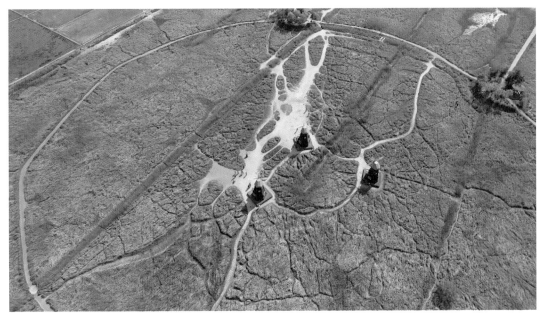

화면 중심 삼각형 형태로 모여 있는 피사체들이 보인다.

항공촬영에서는 도로나 경계가 되는 부분을 정확히 2분할하기보다는 대각선으로 앵글 안에 배치시키고 그 경계를 따라 비행하며 공간감을 표현하는 촬영을 하기도 한다. 그리고 이에 대한 응용으로 경계를 따라가는 것이 아니라 경계선이 화면의 한쪽 끝에서 프레임 인 이후 다른 쪽 끝으로 프레임 아웃하며 촬영하는 기법인데, 마치 자동차 와이퍼가 한번 지나가듯 경계선을 기준으로 훑고 지나가는 촬영 구도이다.

다른 응용촬영의 경우는 피사체가 타워처럼 긴 물체를 아크비행이나 POI 비행을 응용하여 화면 중심부에 도달하기까지 대각선으로 다가오게 촬영하는 방법도 있다.

수평구도와 대각선 구도가 함께 있는 복합구도의 한 사례

　회화나 스틸 사진은 한 장의 사진에 분할을 통해 주제와 부주제를 보여 주거나 말하고자 하는 것을 화면의 중앙에 놓아 집중하게 만드는 반면, 영상은 두 가지 이상의 구도를 한 영상으로 시간의 흐름에 따라 보여 줄 수 있는 점이 가장 큰 특징이다. 이는 항공영상이 아닌 땅 위에서 촬영하는 그라운드 샷을 예로 들자면 패닝 샷이나 틸팅 샷에 해당한다.

　이 촬영은 한 화면 안에 담고 싶은 모든 내용을 고정된 샷에 담을 수 없을 때 구현하는 방법인데, 항공촬영의 대부분은 기체가 어디론가 이동하거나 카메라가 상하좌우 어디든 움직이면서 보여 줄 수 있으므로 이러한 특징을 적극 활용하여 촬영하도록 한다.

　항공촬영은 지상촬영(Ground Shooting)보다 좀 더 다이내믹한 구도로 3차원 공간을 표현해 줄 수 있다. 그 이유는 기체가 전후좌우로 이동할 뿐만 아니라 상하 이동까지 가능하여 모든 공간을 자유롭게 날아다니며 묘사할 수 있기 때문이다.

기초 촬영기법 편집 일부

리드룸과 여백의 개념

구도와 더불어 리드룸과 여백에 대한 개념도 알아야 촬영에 대한 이해력이 풍부해진다. 회화나 사진 또는 영상에 대한 관심이 있는 사람이라면 쉽게 이해할 수 있는 부분이 리드룸과 여백이다. 이미지의 사이즈와 리드룸에 대해 알아보고 영상 조합의 기초를 탄탄히 해 보도록 하자.

리드룸

리드룸이란 피사체가 사람인 경우 특정 방향을 보는 장면이나 진행하는 방향의 화면 공간을 지칭하는 용어이다. 피사체가 이동하고자 하는 진행 방향 앞쪽으로 일정 공간을 두어야 화면의 균형을 이루게 되는데, 안정된 리드룸은 진행 방향으로 많은 여백을 준 것이며, 앞쪽 공간보다 뒤쪽 여백이 많으면 불안하고 답답한 느낌을 가질 수 있다.

항공촬영을 설명하기 이전에 리드룸을 먼저 언급하는 이유는 이미지의 편집을 염두에 두고 촬영에 임하는 것은 중요하며, 현장에서 전체 내용을 어떠한 방법으로 담아낼지 미리 계산하기에 효율적인 방법이 된다. 따라서 리드룸의 개념을 알고 촬영하는 것이 바람직하다.

우리가 TV나 영화관에서 접하는 영상들은 수많은 컷과 컷으로 신(Scene)이 되며, 이 신들이 모여 하나의 스토리가 된다. 그 작은 단위인 신이 만들어지는 과정 중 컷과 컷의 이어짐에 대하여 알아보자.

컷들이 1번부터 순차적으로 이어진다는 것을 전제로 1번 컷과 2번 컷은 이미지의 방향이 다르거나 크기가 서로 다르게 연이어져 있을 것이다. 그래야 서로 관찰자 입장에서 자연스럽게 이어지는 것을 알 수 있으며, 영상 제작을 공부하거나 직업으로 하는 사람들은 가장 기본적인 공식으로 알고 있는 부분이다.

컷과 컷을 자세하게 설명하는 이유는 항공영상을 촬영할 때 이 법칙을 적용하면 좀 더 효율적이고 다양하며, 편집하기 좋은 영상들을 담아 낼 수 있다. 항공촬영인데 그런 부분까지 필요할까라고 생각하겠지만, 기본적인 구도와 피사체가 앵글 안에서 이동하는 흐름 등을 계산할 때 앞에서 배운 여러 구도와 룸(Room, 공간)의 개념을 이해한다면 촬영 시 보여 주고자 하는 피사체를 명확하게 영상 언어로 설명하고, 간단한 프레임 인/아웃 사이의 동적 연결을 다양하게 연출할 수 있다.

사람의 시선 방향을 여백으로 남겨 놓아야 안정감을 주며, 두 사람이 대화하는 장면에서는 사진과 같이 서로 바라보는 시선이 연결되어야 마주 본다는 것을 설명할 수 있다.

마주 보고 있는 시선 방향의 여백이 중요하다.

　　항공촬영뿐만 아니라 모든 영상의 촬영은 단 한가지의 피사체를 보여 주더라도 앵글 안의 구도와 크기 및 각도를 다양하게 표현하여야 편집할 수 있는 소스들이 풍부해지며 편집 또한 용이해진다.

일반적인 TV 프로그램이나 영화를 보면 하나의 신(Scene)을 설명하기 위해 다양한 크기와 다양한 각도의 영상 컷들이 모여 이야기를 이루어 나가는 것을 확인할 수 있다. 가장 기본적인 개념을 이해하고 항공촬영에 임해야 좋은 영상들을 표현해 낼 수 있다.

항공영상의 예를 들면 직선비행, 사선비행, 나선비행, 상승 및 하강비행, 중심점 비행(POI), 직부감 등 다양한 촬영기법이 필요하다. 이렇게 다양한 촬영기법을 하나의 중심 피사체로 설명할 때 기체의 비행 방향이나 카메라 시선 방향 등을 결정하는 중요한 요소로 작용한다.

예를 들어, 1번 컷이 직부감 전진이었다면 2번 컷은 사선비행, 3번 컷은 전진과 틸업을 조합한 영상, 4번 컷은 POI 등으로 조합했을 때 하나의 피사체나 공간 표현이 좀 더 풍부해질 수 있다.

항공촬영 영상 샘플

항공촬영 시 몇 가지 유의해야 할 부분이 있는데 카메라 각도를 45° 정도 기울이고 광활한 지역을 촬영할 경우 화면 상단의 약 10% 되는 부분은 하늘이 보이도록 여백을 확보하면 답답한 느낌을 줄일 수 있다.

화면 상단의 10~15% 정도의 여백이 있으면 답답한 느낌을 감소시켜 준다.

상단에 여백이 많은 듯 보이나 원경, 중경, 근경의 이미지가 모두 담겨 있다.

여백이 지나치게 많으면 죽은 공간을 만들어 낸다.

물론 카메라를 직각 아래로 향하게 하고 지면을 촬영하는 버드 뷰의 경우 기체의 이동 방향에 따른 앵글 변화만 보여 줄 수 있으므로 이 부분은 예외로 한다.

고공에서 촬영된 전답과 여백

리드룸의 여백을 응용하면 항공촬영 시 공간에 대한 풍부한 표현이 가능한데 이때 여백이 중요한 역할을 한다.

예를 들어, 처음부터 여백으로 시작하여 화면의 한쪽에서 주피사체가 프레임 인(Frame In)을 하여 화면의 중심으로 들어온 후 POI(Point Of Interest) 영상을 구현한 뒤 다시 화면의 다른 쪽으로 프레임 아웃하는 장면을 상상해 본다면 좀 더 넓은 공간 안에 있는 듯한 표현이 가능할 것이다. 이렇듯 프레임 내 여백을 활용한다면 극적 효과를 나타내는 데 효과적인 방법이 될 수 있다.

항공촬영이 지상촬영과 다른 부분이 있다면 가급적 피사체를 화면 중앙에 두고 촬영을 한다는 것이다. 간혹 경우에 따라서 프레임 인/아웃이나 주제와 부주제의 공간 이동을 하는 경우는 있으나 일반적으로는 화면의 중심에 피사체를 두고 촬영한다.

피사체 접근 후 POI 촬영 / 피사체 접근 후 순서도

이때 화면을 상하 3분할하여 중앙의 사각형 안에 피사체가 자리 잡는 것이 좋으며, 촬영 특성상 완벽하게 중앙에 위치하지 못하는 경우가 있는데, 이때는 분할된 화면의 중앙 사각형 범위 안에서 피사체가 조금씩 이동하도록 촬영하되 튀는 듯한 느낌보다는 부드럽고 유연하게 중앙에서 움직이는 기분으로 촬영하는 것이 바람직하다.

이렇게 화면의 중앙에 피사체가 자연스럽고 부드럽게 움직일 수 있게 하려면 촬영 드론을 1인 모드보다는 2인 모드로 설정하여 촬영하는 것이 화면에 집중하는 사람과 비행에 집중하는 사람이 모두 정확하고 안전하게 항공촬영을 할 수 있다.

2인 모드의 경우 화면의 앵글을 조정하는 사람이 드론 조종자에게 비행경로나 기동속도를 요청할 수 있으며, 이 두 사람의 호흡이 얼마나 잘 맞느냐에 따라 영상 결과물의 완성도도 달라질 것이다.

02 촬영 카메라에 대한 이해

항공촬영 입문자들과 일반 스틸사진 또는 영상촬영을 처음 배우는 사람들이 접하게 되는 실수가 노출에 관한 것이다.

이 책의 초반에 설명했듯이 해를 등지고 비행해야 하는 이유와 노출에 관한 내용은 일맥상통한다. 피사체의 색상이 온전히 표현되기 위해서는 해를 바라보는 역광이 아니라 해를 등지고 피사체가 태양 빛을 받아 반사시키는 순광 상태에서 이상적인 색감 표현을 할 수 있다.

그렇다면 피사체 주위를 원을 그리듯 돌면서 촬영하는 POI의 경우 피사체를 어떻게 촬영하는 것이 이상적인 것인가를 고민해 보아야 한다.

일단 역광의 상황을 줄이는 가장 이상적인 환경은 해가 남중했을 때 촬영하는 것이며, 때에 따라서 카메라 시선에 하늘이 나오지 않도록 촬영하거나, 구름이 나오게 촬영하는 경우라면 구름이 약간 있는 환경이 좋다. 약간의 구름이 강한 그림자를 생성하지 않도록 빛이 부드러운 환경으로 만들어 주기 때문이다.

때로는 어쩔 수 없이 역광인 상황이 발생할 수 있는데 이 경우 배경까지 살릴 것인가를 먼저 판단해야 한다. 주피사체 뒤로 멀리 보이는 보조 피사체를 한 화면에 담으려고 한다면 당연히 노출 보정을 하면서 촬영하는 것이 바람직하다.

이 경우에는 2인 모드로 촬영하는 것이 좋으며, 촬영을 담당하는 사람이 역광으로 들어서는 시점에 맞추어 원격으로 조리개나 셔터 스피드를 조절하여 피사체의 노출을 맞추는 방법을 취해야 할 것이다.

순광사진

역광사진

그러나 촬영하는 기체에 따라 노출 조작이 불가능한 경우도 있다. 이때에는 별도의 카메라로 촬영모드를 P(Program Mode)나 Auto로 설정해 촬영하는 것이 무난하지만, 조리개를 너무 활짝 열게 되면 피사체나 그 주변의 물체가 노출 과다로 인해 지나치게 밝게 표현되어 촬영을 망칠 수도 있다.

촬영모드에서 P모드는 누구나 쉽게 셔터만 누르면 적정 노출로 자동으로 설정하여 촬영할 수 있는 모드이다. 이 모드는 적정 노출로 자동 촬영이 되기도 하지만, 사용자 임의로 조리개나 셔터 스피드를 바꾸게 되면 그에 맞게 셔터 스피드나 조리개가 따라서 바뀌는 방식이기도 하다.

Auto모드도 촬영자가 셔터만 누르면 알아서 적정 노출로 촬영이 되는 모드이고, P모드와의 차이점이라면 Auto모드는 조리개나 셔터속도를 모두 알아서 자동으로 촬영하는 것이기 때문에 사용자가 임의로 조작할 수가 없으며, 장착된 카메라에 내장 플래시가 있다면 조도가 낮을 경우 플래시가 자동으로 팝업되는 것이 특징이다.

필자는 P모드를 더 선호하는데 그 이유는 원하는 셔터스피드나 조리개 심도를 연출하여 촬영할 수 있기 때문이다.

일단 사진이나 영상을 촬영함에 있어 지나치게 어둡거나 밝게 촬영하면 보는 사람에게 거부감을 주게 되는 것은 당연하다. 이때 히스토그램은 그러한 사진의 밝고 어두운 명도의 분포를 보여주는 역할을 한다.

일광이 적당히 노출되었을 때 촬영된 이미지를 회색톤으로 바꾸고, 바뀐 회색의 평균값을 계산하면 히스토그래프상 가운데가 볼록한 모양으로 나타나게 된다.

컬러사진의 경우 고유의 색상과 명암에 따라 색깔마다 약간씩 다르게 보여지기도 한다.

촬영을 할 때 의도적으로 어둡거나 밝게 촬영하기도 하지만 일반적인 경우에는 적정톤이 유지되도록 촬영하는 것이 좋다. 바로 이 적정 톤이 적정노출이라고 생각하면 된다.

노출의 경우 셔터스피드로 조절을 하거나 조리게 수치로 조절하게 되는데 약간씩 느낌이 다르게 보인다.

촬영 이미지의 히스토그램과 레벨

카메라 바디도 중요하지만 촬영영상을 1차적으로 확보하는 장치가 렌즈이다. 촬영 시 렌즈에 대한 유의사항은 조리개를 가급적 작게 조이는 것이 항공촬영을 할 때 전체적인 포커싱이 좋게 보인다.

조리개[48]는 보통 F1.4, F5.6, F22 등 숫자로 표시하는데, 이 숫자는 현장의 빛의 양을 절댓값 1로 정하였을 때 그보다 작은 수치를 말한다. 예를 들어, F1.4의 경우는 카메라에 들어오는 빛의 양이 $\frac{1}{1.4}$이라는 뜻이며, F5.6의 경우는 $\frac{1}{5.6}$이라는 의미이다.

항공촬영을 할 때에는 비교적 넓은 지역을 한꺼번에 많이 담게 되는데 이때에는 조리개를 활짝 열기보다는 어느 정도 좁혀 촬영하는 것이 좋다. 조리개 수치는 숫자가 높게, 즉 카메라에 들어오는 빛의 양을 가급적 적게 설정하여 촬영하는 것이 중앙과 주변의 포커싱 밸런스가 비슷하게 맞추어진다.

48) 렌즈의 밝기 표시로서 Focal Ratio를 줄여서 F라고 표현한다.

카메라 렌즈의 조리개

조리개는 사람의 홍체와 같은 역할을 하는데 영화나 드라마에서 기절한 사람의 눈에 밝은 빛을 비추어 보는 장면을 본 적 있을 것이다.

홍체반사는 자동적으로 밝은 빛을 보게 되면 작게 좁혀진다. 이는 마치 꽃들이 햇빛이 있는 쪽으로 자연스럽게 움직이는 현상처럼 빛에 반응하여 밝으면 작아지고 어두우면 커진다. 차이가 있다면 식물은 느리고 완만하게 반응하는 반면에 인체의 홍체는 즉각적으로 반응하는 것이다. 시력이 좋지 않은 사람이 눈을 가늘게 뜨고 볼 때 조금 더 잘 보이는 이유가 이런 원리이다. 카메라의 렌즈에서도 사람의 홍체와 같은 역할을 하는 것이 조리개이다.

조리개 개방 F2.8의 심도 – 포커싱된 부분만 선명하게 보인다.

조리개 축소 F10의 심도 – 포커싱된 부분과 주변 부분까지 선명해 보인다.

조리개별 심도 사진

이렇게 조리개 수치를 조정해 포커싱 범위를 조정하는 것이 카메라의 심도를 조절하여 촬영하는 것이다.

이때 한 가지 더 주의 깊게 관찰해야 하는 것은 촬영화면 내에 지나치게 밝거나 어두운 부분이 있으면 해당하는 부분은 비어 있는 것처럼 보인다. 지나치게 밝게 보이는 부분을 화이트홀이라 하고, 지나치게 어두워 검게 뭉치는 부분을 블랙홀이라고 한다. 이런 부분이 보이지 않도록 조리개를 고정시키고 셔터 스피드를 조절하여 노출을 적정하게 맞추는 요령이 필요하다.

필자의 경우는 전체적인 이미지 포커싱 위주로 촬영하는 것을 즐기므로 F9 이상 F16 사이의 노출로 촬영할 때가 많다. 그러나 때에 따라서는 조리개를 밝게 열어 주변부 포커싱을 흐리게 하여 마치 미니어처 촬영처럼 묘사하기도 한다.

조리개와 함께 셔터 스피드 또한 중요한 부분이다. 셔터 스피드는 간단하게 설명하면 $\frac{1}{60}$은 말 그대로 셔터가 1초를 60으로 나누었을 때 그 60개 중 1개에 해당하는 시간이라는 것이다. 이 계산은 아주 직관적으로 쉽게 이해할 수 있다. 숫자가 크면 클수록 셔터는 빨리 여닫는 과정을 거치게 된다. 이 경우 순간포착이 보다 용이해진다.

단지 주의할 것은 셔터스피드가 $\frac{1}{30}$ 보다 느리게 적용되었을 경우에는 흔들림이 있거나 기체나 카메라가 움직이면, 상이 정확이 보이지 않거나 블러리(Blurry)[49]된 이미지이거나 그다지 좋은 영상을 얻지 못할 것이다.

그러나 의도적으로 셔터를 느리게 해 주변 사물들이 빠르게 움직이는 듯한 영상을 연출할 수도 있다.

---

49) Blurry : 사진에 사용될 경우 흔들림이 있거나 초점이 선명하지 못한 사진들을 가리켜 말한다.

$\frac{1}{250}$

$\frac{1}{125}$

$\dfrac{1}{60}$

$\dfrac{1}{20}$

셔터 스피드별 이미지 차이

셔터 스피드가 지나치게 빠를 경우 순간적인 포착은 좋을 수 있으나 움직이는 사람이나 지나가는 차량의 움직임이 부자연스럽게 느껴질 수 있다. 그럴 때는 셔터스피드를 약간 느리게 해서 촬영하는 것이 더 자연스러운 흐름으로 보일 수 있다.

그러나 이러한 계산을 아무리 잘했더라도 한여름 작열하는 태양이나 설원의 풍경을 촬영할 경우에는 조리개나 셔터스피드가 도와주지 못하는 경우도 발생한다. 이를 테면 태양광이 너무 밝아서 렌즈의 조리개를 최대한 조이고 셔터 스피드 또한 최대치로 높여서 촬영함에도 불구하고 노출 오버가 되는 경우는 종종 있다.

이럴 때는 ND-Filter[50]를 사용하면 되는데 이 필터의 역할은 우리가 눈이 부실 때 사용하는 선글라스와 같은 역할을 하는 도구이다. ND-Filter는 각기 농도가 다른 것을 사용하여 현장의 광량에 따라 적절히 사용하고 색의 농도는 그대로 유지한 채 노출의 적정선을 맞추어 촬영하는데 많은 도움을 준다. ND-Filter는 각각의 고유 번호가 있는데 그 번호에 따라서 색의 농도가 다르다. 보통 번호가 클수록 진하다.

ND-Filter와 비슷한 필터로 PL-Filter[51] 또는 CPL 필터가 있다. ND-Filter와의 차이점은 ND-Filter는 단순히 빛의 양만 줄여 주는 반면, PL-Filter는 농도 조절이나 반사광의 조절이 가능하다.

필터를 사용하여 좀 더 좋은 이미지를 촬영하고자 할 때 피사체의 순광 부분에 노출을 맞추어 촬영하고 바로 이어서 똑같은 기동으로 역광쪽으로 노출을 맞추어 한번 더 촬영한 뒤 편집을 통해 자연스럽게 이어 붙이는 방법이 있는데, 이것은 많은 테크닉을 요구하므로 숙련된 편집자들이 사용할 수 있다.

---

50) ND Filter(Neutral Density Filter, 중성 농도 필터) : 컬러 밸런스를 유지시킨 채 전체적인 노출의 양을 감소시키는 기능을 한다. 일반적으로 과다 노출을 막기 위해서 사용된다.

51) Polarizing Filter 또는 Polarising Filter : 편광필터라고 하는데 빛의 파장을 편형으로 통과하게 하여 반사광을 줄여 주어 피사체를 명확하게 표현하거나 색상을 좀 더 명확하게 표현하여 준다. CPL Circular Polarizer Filter 역시 비슷한 역할을 하나 파장을 투과시키는 방식에 차이가 있다. 두 필터 모두 촬영 시 기능은 크게 차이가 없다.

PL- Filter 활용으로 물반사를 제거해 준다.

PL- Filter 사용으로 하늘색의 농도조절과 나뭇잎의 색을 다르게 할 수 있다.

PL-Filter의 경우 색의 농도를 조절할 수 있으며, 반사광 또한 조절이 가능하다. 이 특징을 잘 활용하면 푸른 하늘을 더 짙게 표현하거나 물반사를 줄여 주어 명확한 이미지 촬영이 가능해진다.

지금까지 렌즈의 조리개에 대해 알아보았는데 렌즈 규격에 대한 설명도 필요하다.

보통 렌즈의 초점거리(Focal Length)를 mm 단위로 나타낸다. 참고로 50mm 렌즈는 사람의 육안으로 보는 거리나 각도와 거의 비슷하게 느껴진다. 그리고 100mm 렌즈는 망원렌즈라고 하는데 우리 눈으로 보는 것보다 사물을 훨씬 더 가깝게 볼 수 있다.

또한 50mm보다 작은 숫자들로 구성된 렌즈들로 35mm, 28mm 등의 렌즈는 광각렌즈라고 한다. 이 렌즈들의 특징은 일반적으로 우리 눈보다 더 넓은 범위를 볼 수 있다.

여러 렌즈군 중 24~70mm, 70~200mm, 17~40mm 등의 숫자들이 혼합된 렌즈도 있으며, 이를 줌렌즈라고 하여 렌즈에 표시되어 있는 가장 작은 숫자부터 큰 숫자까지의 화각을 모두 볼 수 있게 제작되었다. 참고로 렌즈에 단순한 한 가지 단위(50mm, 24mm 등)로만 표시된 렌즈를 단렌즈라고 한다.

각종 렌즈들

항공촬영의 경우 망원렌즈보다 광각렌즈를 주로 사용한다. 이는 일정한 고도에서 좀 더 넓은 범위를 한꺼번에 앵글 안에 담을 수 있고, 그에 따른 고도 역시 지나치게 높이지 않기 때문에 광각단렌즈를 주로 활용하고 있다.

광각렌즈를 선호하는 이유는 초경량무인멀티콥터인 드론의 제한비행고도가 150m 미만이며, 해당 고도에서 좀 더 효율적으로 넓은 면적을 촬영할 수 있기 때문이다. 만약 고도 150m 이상으로 비행을 원할 경우라면 별도로 항공청에 허가를 받아 비행을 하여야 한다.

모아레 현상

촬영할 당시는 잘 모르고 지나갔으나 막상 촬영한 내용을 컴퓨터에서 확인했을 때 이미지 일부가 물결처럼 어른거리거나 미세한 격자무늬가 움직이는 것을 발견할 때가 종종 있을 것이다.

그것이 바로 모아레(Moire)[52] 현상인데, 이는 이미지의 맥놀이 현상[53]이 시각적으로 발생하는 것으로 일정한 간격을 갖는 물체 사이에 발생하는 간섭무늬를 말한다.

여름철 모기장이 서로 겹쳐 있을 때 일정한 무늬가 보이게 될 것이다. 그리고 예전의 만화책을 보면 인물의 배경으로 일정한 무늬가 있는 것들을 볼 수 있는데 이것은 패턴이 있는 필름을 겹쳐 놓고 제작을 하는 경우로서, 이 모아레 현상을 의도적으로 이용한 사례이다.

필자의 경우 방송제작을 하던 시절에 이 모아레 현상 때문에 등장인물의 의상 중 작은 격자무늬가 있거나 가는 줄무늬가 있는 옷은 입지 않도록 요청한 적이 있다.

52) 모아레는 고대 중국에서 수입된 실크 위에 물결무늬처럼 나타나는 현상을 프랑스인들이 부르던 말로 두 개 이상의 일정한 무늬가 겹쳐 생기는 일종의 간섭무늬이다.
53) 맥놀이 현상은 주파수가 비슷한 두 개의 파동이 서로에게 영향을 미쳐 두 주파수의 차이에 따라 그 폭이 일정한 주기로 변하는 것을 말한다.

세밀한 무늬는 사람의 눈에는 명확하게 잘 보이지만 카메라에서 보여지는 상은 무늬들이 서로 어른거리는 것처럼 보여 시선을 빼앗기 때문에 영상의 집중도를 떨어뜨린다.

사람의 눈으로 보았을 때는 아무 이상 없이 명확하게 보이는 패턴이나 이미지라도 카메라의 렌즈를 통과하여 기록되는 과정에서 왜곡이 발생하는 일종의 간섭무늬(Interferencefringe)는 최초 필름카메라가 발명된 이후 지금까지도 풀지 못하는 숙제로 남아 있다.

화면의 일부에서 보여지는 모아레 현상. 영상이 움직이면 모아레도 따라서 움직이게 된다.

03 촬영모드

항공촬영의 기법은 간단하게 두 가지로 나눌 수 있다.

개인이 쉽게 할 수 있는 것은 1인 모드로 보통 기체의 방향과 카메라의 방향이 일치하지만, 카메라의 상하 각도는 조절하면서 촬영이 가능하다.

2인 모드의 경우 기체의 조종자와 카메라가 달린 짐벌의 조종자가 개별적으로 운용되고, 좀 더 다양한 촬영기법의 구현이 가능하다. 패닝, 틸팅, 롤링 등을 함께 조작하면 실제 비행기에 탑승한 듯한 영상을 구현할 수도 있다. 2인 모드는 개인의 기량이 높을수록 보다 다이내믹한 영상을 보여줄 수 있고, 기체의 조종자가 영상을 촬영하는 짐벌 조종자의 요청에 함께 합을 이루어야 좋은 영상을 얻을 수 있다.

1인 모드와 2인 모드는 모두 기체의 위치를 파악할 수 있는 보조자가 함께 운용되어야 하며, 2인 모드의 경우 기체 조종자가 이를 대신하는 경우도 있다.

촬영은 지상이나 공중을 막론하고 광선을 잘 살펴보아야 한다. 다시 강조하지만 역광에서 촬영할 경우 지상에서 기체를 바라보았을 때 육안으로 기체의 방향을 파악하기 어려울 수 있다. 이는 기체의 개별 색상이나 LED 램프의 색상이 보이는 것이 아니라 그냥 검은색으로 실루엣만 보일 수 있기 때문이다. 또한, 역광의 경우 카메라 바디의 CCD에도 좋지 않은 영향을 줄 수 있기 때문에 각별히 주의해야 한다.

촬영한 영상의 색상이 이상하게 보이거나 빛의 노출이 심한 경우 촬영한 이미지가 알아 볼 수 없게 나타날 수 있으니 주의해야 한다. 힘들게 촬영한 결과물을 사용할 수 없게 되어 당장의 영상도 문제지만 촬영용 카메라 역시 수리를 해야 하는 경우도 발생한다.

비행 중 카메라에 태양광이 직접 노출되었을 때 이미지

모든 촬영에는 미리 알고 숙지해야 할 부분이 있다.

항공촬영을 포함하여 초경량무인비행장치(드론)를 운용하려고 한다면 먼저 비행하려는 지역이 비행금지공역인지 여부를 확인하는 것이 중요하다. 해당 지역의 허가 여부는 스마트폰의 각종 어플리케이션으로 확인이 가능하다. 경우에 따라서는 항공촬영 허가와 비행 허가를 각각 승인받아야 가능한 지역도 있으니 유의해야 한다.

초경량비행장치라 하더라도 대한민국의 기준은 항공법에 저촉을 받으므로 반드시 숙지하여야 하며, '잠깐이면 상관없겠지'라는 생각으로 비행하다가 사고라도 나면 인적 · 물적 손해는 물론이고 심한 경우 면허취소와 벌금형에 처할 수 있으니 반드시 주의해야 한다.

항공촬영에는 위험한 순간이 발생하기도 한다. 종종 조종기의 송수신이 끊겨 컨트롤이 전혀 안 되는 경우가 발생하는데 이에 대비하여 모든 기체에 페일 세이프(Fail Safe) 기능을 설정해 두어야 안전하다.

페일세이프 기능은 지자기 오류나 주변의 자기장 방해 등 여러 가지 이유로 기체와 조종기 간 신호가 끊기거나 컨트롤 불량이 발생하였을 때 자동으로 이륙한 장소로 돌아오게 설정을 해 놓는 것이다. 반드시 이 기능을 해 놓아야 기체의 회수는 물론 예상치 못한 위험한 사고에 대비하여 추가적인 손실을 방지할 수 있다.

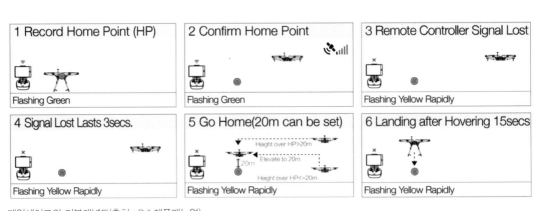

페일세이프의 기본개념도(출처 : DJI 제품매뉴얼)

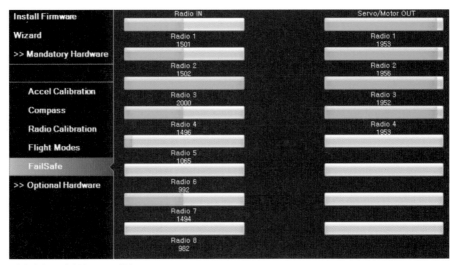

페일세이프 설정창, APM 계열

페일세이프 설정창, DJI 계열

1인 모드? 또는 2인 모드? 어떤 것이 좋을까!

항공촬영을 하려면 우선 드론에 카메라를 장착하여 촬영한다는 것은 기본적으로 알고 있을 것이다. 장착된 카메라 제어에 관한 기준은 1인 모드와 2인 모드로 구분할 수 있다고 설명하였다.

조종자 자신이 기체와 카메라를 모두 제어하는 것을 1인 모드라 하고, 카메라의 움직임과 기체의 움직임을 각각 2명이 나누어 조작하는 것을 2인 모드라고 한다. 이는 어떤 것이 좋다기보다 상황이나 개인의 성향에 따라 호불호가 갈린다.

그렇다면 촬영은?

촬영 입문 초기에는 당장이라도 달려 나가서 바로 드론 카메라의 시선으로 자신의 창작 의욕을 불태우고 싶고, 본인이 촬영한 영상은 모두 간직하고 싶을 것이다. 일단 촬영하기에 앞서 간단한 촬영 팁을 설명하면, 처음 촬영한 이후로 대부분의 사람들은 점차 시간이 지나면서 다른 사람들의 영상과 비교해 보면서 '내가 촬영한 영상을 편집해 보면 어떨까?'라는 생각도 하게 될 것이다.

그러나 정작 편집을 하려면 어느 부분에서부터 편집을 해야 하는 것인지 답답하기만 할 것이다. 그 어려운 결정을 조금 더 쉽게 하기 위해서는 시작 전후에 3~4초의 여유를 갖도록 한다. 우선 촬영하는 순간에 자신이 담고자 하는 이미지의 구도를 고정시키고, 녹화가 시작된 후 3~4초 이후에 기체를 움직여 촬영을 하고 마지막 부분에서도 움직임을 멈춘 후 3~4초 정도 후에 녹화를 중지하도록 하면 나중에 편집할 부분을 찾기가 쉽다.

좋은 영상을 제작하기 위해서는 이륙 후 흥분히 마음을 잠시 가라앉히고 기체를 호버링[54]한 상태에서 시선을 좌우로 돌려 보며 촬영하기에 적당한 지점을 찾고, 처음 촬영장소의 지도를 보면서 결정한 촬영 포인트가 맞는지 확인하며 어떻게 기동하며 영상을 담을지 결정하는 것이 좋다.

필자라면 이때 카메라의 레코딩 버튼을 자주 사용한다. 물론 농담이지만 항공촬영을 하다 보면 배터리 용량 때문에 단 몇 초가 아쉬울 때가 많은데 이 짧은 시간에도 우연히 새들의 멋진 비행이나 UFO가 잡힐지도 모를 일이다. 심지어 이착륙을 하는 과정에서 우연히 멋진 영상을 촬영하게 될 수도 있고, 촬영기법 중 페데스탈(Pedestal)이나 Tilt Reveal Shot 같은 영상을 기본적으로 확보할 수도 있다. 이런 상황에 대비하여 충분한 고용량의 메모리 확보는 물론, 기체가 기동하는 모든 상황을 다 담아 두면 나중에 쓸모가 많다. 물론 그렇게 촬영된 많은 영상 때문에 편집하는 과정에서 OK컷[55]을 추려내는데 시간이 더 오래 걸릴 수 있겠지만 혹시 모르는 순간의 멋진 영상을 위해 모든 과정을 녹화할 것을 추천한다.

---

54) 헬리콥터와 같은 회전날개 기체가 공중에 정지해 있는 듯한 비행

55) 영상제작에 사용되는 용어로서 바로 편집할 때 사용할 수 있을 정도로 완벽한 컷을 말한다. NG(No Good)컷의 반대되는 용어이다.

1인 모드

길을 걸을 때의 시선이 무조건 정면만 향하며 걷는다면 불편함을 느끼게 될 것이다. 예를 들어, 사고로 목을 다쳐 목에 의료용 보조기구를 착용하고 고개를 좌우로 돌리는 것이 어렵다고 생각하면 이해가 쉬울 것이며, 이때 좌우의 상황을 파악하기 위해 얼굴을 돌리기보다는 몸을 함께 돌려 보는 것이 수월할 것이다.

1인 모드의 촬영이 바로 이런 상황이라고 생각하면 된다.

카메라의 시선 방향이 기체의 정면 방향으로 동일하게 고정되어 있기 때문에 촬영하려는 피사체를 앵글 안에 담기 위해서는 기체를 함께 움직여야 한다. 그러나 카메라의 시선은 상하운동이 가능하다. 만약 상하 조정을 할 수 없었다면 비행 시마다 매번 카메라 각도를 바꿔서 비행하는 번거로운 상황을 겪을지도 모른다. 고개를 끄덕이는 것처럼 카메라의 시선이 상하로 움직이는 것을 피치(Pitch)라고 하는데 일반적인 촬영용어로는 틸트업(Tilt Up), 틸트다운(Tilt Down)과 의미가 같다.

촬영 예

1인 모드의 경우 카메라가 정면만을 향하기 때문에 촬영 이미지가 너무 딱딱하게 표현되지 않을까 하는 걱정은 하지 않아도 된다. 기체를 손에 들고 좌우로 움직여 보면 카메라가 고정되어 있는 것이 아니라 좌우로 약간의 유격이 있으므로, 기체의 좌우 움직임에 따라 기체의 회전을 뒤따라가듯이 조금 느리게 좌우 회전을 맞추어 부드럽게 움직인다. 이 기능을 하는 것이 카메라 짐벌이다. 실제 기체의 움직임보다 부드럽고 약간 느리게 따라 움직이므로 흔들림을 방지하고 좀 더 부드러운 촬영을 할 수 있으며, 이 반응속도는 설정메뉴에서 약간의 수정이 가능하다.

1인 모드 촬영을 위한 비행에서는 기체가 바라보는 방향은 쉽게 파악할 수 있으나 기체를 기준으로 상하, 좌우, 후면에 어떠한 장애물이 있는지 파악하기는 어렵다.

따라서 1인 모드로 촬영할 경우에는 반드시 보조 조종자나 다른 촬영자가 기체 주변에서 촬영에 방해가 되거나 돌발상황에 대비할 수 있도록 조종자에게 바로 알릴 수 있는 위치에 있어야 안전하고 멋진 항공촬영을 할 수 있다. 1인 모드가 나 홀로 비행, 나 홀로 촬영할 수 있는 모드라고는 하지만 '나 홀로'라고 하여도 안전을 위해서는 보조자 역할을 하는 사람이 있어야 한다는 것을 명심하자.

2인 모드

일단 2인 모드로 촬영하기 위해서는 짐벌을 조종하는 스틱의 감도를 손에 익혀야 한다. 현장에서 초기입문자에게 나타나는 가장 많은 실수 유형은 잘할 수 있다는 자신감만으로 연습 없이 짐벌을 잡고 촬영하다 보니 짐벌의 움직임을 감당하지 못하고 피사체가 앵글 밖으로 빠져 나가게 되는 실수를 겪게 되는 것이다.

또한 자신이 원하는 피사체를 화면 가운데 잘 잡기 위해서는 기체의 기동을 잘 파악하고 그에 맞게 짐벌의 조작을 할 수 있어야 멋진 화면을 만들어 낼 수 있을 것이다.

짐벌 연습은 일단 화면 안에 가상의 사각형을 따라 움직이거나 실제로 상자 같은 물체를 카메라 앞에 두고 외곽을 따라 짐벌을 움직여 보아야 한다. 이것이 익숙해진다면 짐벌의 움직임을 나비넥타이 모양으로 움직여 손에 익히도록 한다.

나비넥타이 그리기가 익숙해졌다면 다음 단계인 꿀벌의 비행처럼 무한대 모양으로 짐벌을 움직여 본다. 이는 움직이는 짐벌을 조금 더 부드럽게 조작할 수 있도록 한다.

이 기본동작들을 모두 익혔다면 지나가는 사람들이나 자동차를 짐벌을 조작하여 화면 안에 담아 보도록 한다. 이때 기체는 이륙시키지 말고 짐벌만을 조작하여 충분한 연습을 하기 바란다. 생각보다 쉽지는 않지만, 이 연습들이 익숙해져야 실제 상공에서 순발력 있게 피사체나 아름다운 경관을 담아낼 수 있게 될 것이다.

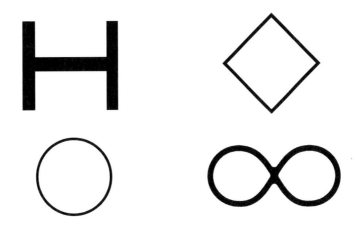

도형을 그려 놓고 윤곽선을 따라서 짐벌조종 연습을 하면 실제 촬영할 때 능숙하게 다룰 수 있다.

2인 모드 항공촬영은 기체의 조종자와 카메라 앵글을 담당하는 카메라 감독이 각각 별도로 존재하며, 이 두 사람은 서로 호흡을 맞추어 항공촬영에 임하게 된다. 예를 들어 낯선 곳으로 여행을 가게 되었는데 이동할 때 다른 사람이 운전하는 차를 타고 주변의 경치에 매료되어 가지고 있던 카메라에 이것저것 많은 아름다운 것들을 담아내는 장면을 상상해 보자. 타고 있는 차는 운전자 마음대로 이동하는데 여행객의 시선은 정면만이 아닌 이곳저곳 자신이 보고 싶은 곳을 구경하는 것이다. 여기서 차량운전자는 바로 기체의 비행을 담당하는 사람이고, 주변 경치를 촬영하는 사람이 바로 짐벌 조종자이다. 그리고 필요하다면 경치 좋은 한쪽을 가리키며 그곳의 경치를 더 보고 싶다고 요청할 때 차를 그 방향으로 이동할 수도 있다. 이것이 바로 촬영자와 조종자 간 호흡을 맞추는 작업이다.

2인 모드의 촬영은 비행 전 앵글을 담당한 조종자가 기체 조종을 맡은 조종자에게 자신의 앵글을 진행하려는 과정을 충분히 설명하여야 하며, 촬영 중에도 구도의 방향을 설명하여야 기체의 기동을 그에 맞게 효율적으로 맞추어 움직일 수 있다. 특히, 2인 모드 촬영에 있어서 리허설을 충분히 거쳐야 시간과 비용의 낭비를 줄일 수 있다.

1인 모드의 경우 촬영자가 기체의 조종을 함께하기 때문에 끄덕끄덕 움직이는 카메라 피치각(틸트업, 틸트다운)의 변화는 별도의 키 조작으로 하고, 도리도리 움직이는 패닝 조작은 기체의 요잉(Yawing)을 활용한 러더 조작으로 조종하게 된다. 반면 2인 모드의 가장 큰 장점은 이 모든 조작을 카메라만을 담당하는 조종자가 기민하고 부드럽게 조작할 수 있으므로 더 자연스럽고 고급스러운 영상을 만들어 낼 수 있다. 그리고 기체의 조종자는 오로지 기체의 비행에만 집중할 수 있어 1인 모드의 촬영보다 안전하게 조종할 수가 있다.

2인 모드의 경우 카메라 촬영자가 앵글의 변화를 기체 조종자에게 설명할 때 두 사람이 얼마나 호흡이 잘 맞는가에 따라 영상의 질은 달라진다. 그리고 1인 모드에는 없고 2인 모드에서만 표현 가능한 기법으로서, 카메라 앵글이 갸우뚱 기울어지는 롤링(Rolling)을 표현할 수 있다. 롤링은 전·후진 및 좌우 무빙 비행을 하면서 적절히 활용한다면 영상이 좀 더 박진감 넘치게 보인다. 일부 영화에서는 롤링을 응용하여 미리 준비된 미니어처 사이를 촬영한 후 화면 중심에 비행기를 삽입하여 실제 비행기가 민첩하게 날아가는 듯한 표현을 하기도 한다.

실제 항공촬영에 있어서 롤링 샷을 사용하는 촬영은 상당한 고난이도의 기술이 필요하며 2인 모드를 담당한 두 사람 간 호흡이 가장 중요한 요소이다. 이 롤링과 상하 비행이나 POI 비행을 함께 응용한다면 마치 거대한 보이지 않는 지미집[56]으로 촬영하는 듯한 표현도 가능하다.

---

56) 지미집(Jimmy Jib)은 크레인과 같은 구조 끝에 카메라가 설치되어 있으며 리모컨으로 촬영을 조정할 수 있는 무인 카메라이다. 직접 들거나 고정으로 설치해 두고 촬영하는 일반 카메라에 비해 수동으로 각도와 방향을 조절할 수 있는 크레인에 카메라가 달린 지미집을 이용하면 더 생동감이 있게 촬영할 수 있어서 요즘 많이 사용되고 있다.

카메라 짐벌의 롤 테스트

카메라 짐벌의 롤 축을 움직여 재미있는 영상을 만들 수 있다.

2인 모드로 촬영 시 처음 접하는 실수가 있는데 촬영에 열중한 나머지 짐벌이 기체의 정면 방향에서 많이 어긋나게 되어 기체의 일부분이 화면에 보여질 경우가 있다. 이런 영상은 열심히 촬영을 했지만 결국에는 다른 사람들에게 보여 주지 못하는 부분이 되어 버린다.

그리고 짐벌조작이 과하게 되면 기체의 방향과 짐벌의 방향이 어긋나 있을 때 정확한 방향을 파악하기 어려울 때가 생기게 된다. 이럴 때는 기체 짐벌을 팔로 모드(Follow Mode)로 설정하면 돌아가 있던 짐벌이 정확히 정면을 향하게 된다.

Rolling Shot

짐벌 조작 미숙으로 프로펠러가 화면에 보이게 된 사례

짐벌 방향이 과하게 틀어졌거나 짐벌과 기체의 정면을 착각했을 경우 기체의 일부분이 보이게 된 사례

짐벌 방향이 과하게 틀어졌거나 짐벌과 기체의 정면을 착각했을 경우 기체의 일부분이 보이게 된 사례

이제 다음 장부터는 본격적인 촬영에 필요한 기체기동에 대하여 배워 보도록 하자.

04 직선비행과 자유비행

직선비행 응용

  기본적인 직선비행에 시선만 바꾸어도 전혀 다른 영상이 만들어지며, 이를 복합적으로 응용하면 풍부한 영상소스들을 얻을 수 있다.

그럼 지금부터 이러한 요소들을 응용하여 촬영되는 영상들을 하나하나 살펴보기로 하자.

무빙 샷

  기체가 정지 호버링 상태가 아닌 삼차원 공간의 X, Y, Z축 중 어느 지점과 상관없이 이동하면서 촬영하는 모든 것들이 무빙 샷의 큰 범주 안에 들어가게 된다. 각각의 명칭별 자세한 촬영은 한 단계씩 차례로 살펴보도록 하고, 일단 기본적으로 기체가 전후나 좌우로 이동하면서 촬영하는 것이 무빙 샷의 가장 기본이다. 그리고 무빙 업/다운 같이 기체가 상하로 움직이는 것도 포함한다.

  또한 달리 인/아웃(Dolly-In/Out)과 비슷한 촬영기법으로 무빙이 있는데, 쉽게 촬영하면 기체가 좌우로 비행하면서 촬영하는 크랩 샷 기법이다. 이는 대체로 달리는 운송수단을 측면에서 비슷

주제와 부주제를 적절히 활용하면 공간감을 효과적으로 표현할 수 있다.

한 속도로 따라가면서 촬영하는 방법으로 활용되기도 한다. 이 촬영을 할 때 피사체를 처음부터 고정시키는 방법이 있고, 화면 한쪽면에서 프레임 인(Frame In)한 후 일정시간 화면의 중앙에 배치했다가 다시 화면의 다른 방향으로 프레임 아웃(Frame Out)하는 촬영 방법이 있는데 후자쪽을 선택하여 촬영하는 것이 조금 더 많은 모습을 보여 줄 수 있다.

그 이유는 촬영하려는 주피사체의 주변과 배경의 다른 물체들을 순차적으로 보여 줄 수 있어 좀 더 다양한 이미지들의 전개가 이루어진다.

그리고 조금 다른 방식으로 카메라 시선을 응용하여 대각선으로 보며 무빙하는 경우가 있는데 이는 기체의 촬영이 1인 모드가 아닌 2인 모드일 때 확실하게 구현될 수 있다.

1인 모드일 경우는 기체를 전진과 에일러론[57]을 둘 다 조작해야 하는데 카메라 각도에 따라 정확하게 원하는 각도로 기동하는 것은 숙련자가 아닌 이상 쉽게 구현하기가 어렵다. 이것은 사람이 길을 걸을 때 정면이 아닌 약간 사선으로 시선을 돌려 걸어가는 것과 비슷하다. 1인 모드에서는 기체의 흔들림이나 기체의 방향 전환 및 카메라의 각도가 유기적으로 연결되기보다는 각 동작 간 이미지의 흐름이 멈추거나 움찔거리는 듯한 느낌의 영상이 보여질 가능성이 매우 크다.

> **⊙ 참고**
>
> **항공촬영 시 유의 사항**
> 지상촬영을 포함한 항공촬영을 함에 있어 영상의 무빙이 발생한다. 패닝, 틸팅, 주밍 등 여러 가지 촬영 중 액션이 함께 동반되는데 이러한 촬영을 할 때 유의사항이 한 가지 있다. 그것은 바로 촬영 시작과 끝 부분에 3초에서 5초 정도 카메라를 움직이지 않고 정지된 상태에서 무빙을 시작하고 무빙이 끝난 후 역시 일정 시간 카메라의 무빙을 고정시키는 것이다.
> 이 몇 초 간의 멈춰 있는 듯한 호흡이 무엇이며 왜 중요한 것인가 궁금할 것이다. 이 부분이 만들어진 편집점이며, 이러한 무빙의 공백이 있어야 추후 편집 프로그램을 통해 촬영한 내용을 편집할 때 보다 용이하게 작업할 수 있다.
> 어떠한 촬영이든지 3~5초 간의 정지된 호흡을 잊지 말자.

---

57) Aileron : 보조날개 또는 보조익은 고정익 항공기의 날개 가로 형태의 끝면에 붙어 있는 조정면을 조정하는 것이다. 이것은 항공기의 롤을 조정하는 데 사용한다. 양쪽 보조익은 연 결되어 한쪽이 아래를 향하면 다른 쪽은 위쪽을 향한다. 즉, 아래를 향한 보조익은 날개항력을 증가시키고 반대로 위를 향한 보조익은 항력을 감소시킨다.

이에 따라 보통 2인 모드에서 기체가 정방향으로 직선비행을 하고, 카메라의 각도만 사선을 보고 촬영하는 것이 더 안정적이며 원하는 각도를 맞추어 촬영하기에 용이하다.

우선 항공촬영에서 가장 쉬운 패닝샷부터 살펴보자.

편집영상-하늘과 길

패닝샷(Panning Shot)

패닝샷은 방송이나 영화의 제작현장에서 흔히 쓰이는 용어로, 카메라가 고정되어 있는 상태에서 화면의 좌에서 우로 혹은 우에서 좌로 수평으로 회전하면서 전체 묘사를 하는 것이다.

주로 광활한 배경을 묘사하거나 가로로 긴 공간이나 수평으로 움직이는 피사체를 찍는 데 유용하다.

패닝은 움직이는 피사체와 고정된 배경화면의 움직임 관계에서 움직이는 피사체는 화면에 고정시키는 대신에 배경화면이 이동하는 것처럼 촬영하거나, 또는 카메라를 저속 촬영으로 설정한 후 달리는 자동차나 뛰는 운동선수와 같은 속도로 따라가면서 촬영하는 기법이다. 즉, 움직이는 물체는 고정되고 배경이 변화되는 촬영기법으로 인하여 속도감 있는 영상이 얻어진다.

패닝샷의 기본/패닝샷의 순서도

패닝샷의 기본 / 패닝샷의 순서도

Panning Shot

드론으로 패닝샷을 촬영하기 위해서는 기체가 호버링하고 있는 동안 회전축만 움직이는 Yawing 을 하면 쉽게 촬영할 수 있다.

패싱샷(Passing Shot)

단어에서 볼 수 있듯이 지나가는 화면이다. 즉, 기체의 비행경로 중 화면의 하단이나 옆쪽으로 물체가 스쳐 지나가는 듯 보이게 촬영하는 기법을 말한다.

이때 주의할 사항은 좋은 패싱샷에 대한 욕심으로 물체에 과하게 접근하여 자칫 기체의 회전하는 프로펠러가 인체나 사물에 닿아 사고가 발생하지 않도록 각별히 신경 써야 할 것이다.

패닝샷 예제/패닝샷 순서도

188

패싱샷 예제/패싱샷 순서도

Passing Shot

직부감 촬영(Birds Eye View)

보통 줄여서 버드뷰(Birds〈Eye〉View)라고 하는데 새(맹금류)가 하늘 위에서 유유히 기류를 타면서 지상을 바라보는 듯한 느낌의 영상을 말한다.

쉽게 말하면 카메라 앵글을 수직으로 향하여 바로 지표면을 바라보며 촬영한다. 이러한 직부감은 넓은 평야나 전체적인 지형을 보여 주기에 효과적인 구도이다. 어찌 보면 쉬워 보일 수 있으나 바람의 흔들림에 유의하여야 한다.

직부감 촬영은 직선뿐만 아니라 곡선의 비행기동을 응용하여 촬영하는 것도 가능하다. 직선비행과 연결되었을 때 기체의 흐름이 곧게 진행되거나 곡선비행을 응용하여 아크형으로 휘어진 느낌의 촬영을 한다면 일정한 속도와 각도로 회전이동을 하여야 자연스럽게 보일 수 있다. 이때 카메라의 앵글은 갑자기 움직이거나 휘어지지 않게 주의하여야 한다.

직부감의 경우 화면상 상하좌우로 곧게 이동하는 샷이 보여지는 것이 일반적이나 지형이나 상황에 따라서 사선으로 이동하며 촬영하는 경우도 있는데 의외의 결과물을 얻을 수 있다. 다른 촬영기동도 마찬가지지만 버드뷰는 보통 피사체를 기준으로 4방 혹은 8방으로 지나가며 촬영하는데 추후 영상편집을 고려하여 다양하게 촬영물을 확보해 두는 것이 합리적이다.

버드뷰(Birds 〈Eye〉 View)라 불리는 직부감 촬영

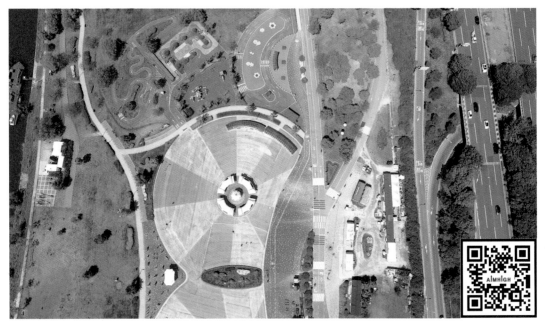

Birds Eye View

　직부감 촬영의 경우 주피사체가 화면 밖에서 프레임 인(Frame In)하여 화면의 중앙까지 들어와 주제를 직접 설명해 주고 다시 다른 방향으로 프레임 아웃(Frame Out)하기까지 모든 과정을 담아 주는 것이 바람직한 촬영이다.

　화면의 자연스러운 연계를 위해서는 짐벌 감도를 조정하는 방법을 추천한다. 너무 민감하면 화면이 급하게 움직이거나 미세하게 떨리는 듯한 느낌을 줄 수 있다.

달리(Dolly)와 크랩(Crape)

직선비행의 가장 기본이 되는 달리(Dolly)[58]샷은 원래 영상제작에 뿌리를 두고 있으며, 기본적으로 지상촬영(Ground Shooting)에 기반을 두고 카메라가 바닥에 달린 바퀴를 따라 직선 혹은 곡선으로 이동하면서 촬영하는 기법을 말한다. 항공촬영 역시 이 달리샷이 적용되는 직선비행이 모두 포괄적인 개념 안에 들어간다고 생각하면 된다.

우선 좌/우 달리(크랩샷, Crab Shot[59])와 전/후진을 표현하는 달리 인/아웃이 달리샷의 기본이라고 할 수 있다. 크랩샷은 교각처럼 길이를 표현할 때 기체를 좌나 우로 이동하면서 촬영하는 방법이다. 교각뿐만 아니라 횡으로 도열해 있는 사람들의 모습이나 넓게 펼쳐진 피사체, 길게 이어진 피사체의 촬영에 적합하다.

크랩샷과 함께 기본적인 촬영인 달리샷에는 달리 인/아웃이 있는데, 쉽게 말해서 바퀴달린 카메라의 시점이 화면 가운데로 들어가거나 나오거나 하는 모습을 표현해 주는 방법이다.

단순히 기체가 직선으로 전진 혹은 후진하는데 이때 일반적으로 피사체를 화면 한가운데에 두고 전후진 비행을 한다.

---

58) 카메라를 싣고 수평으로 이동시키면서 촬영할 수 있도록 작은 바퀴를 달아 만든 대(臺). 흔히 바닥에 레일을 깔고 그 위를 움직이는 이동차

59) 게가 좌우로 이동하는 모습과 카메라가 장착된 기체의 움직임이 비슷하다고 하여 지어진 별명이다.

크랩샷

Crape Shot

크랩샷과 달리 인/아웃의 공통점은 카메라를 전방으로 향하여 고정한 상태로 기체를 전후좌우로 움직이며 촬영한다는 것이다.

단순하다고 생각될 수 있으나 달리 인/아웃 촬영은 주로 전후진의 움직임으로 깊이감의 표현에 적합하며, 크랩샷은 보통 좌우로 움직이므로 길이의 표현은 물론이고 프레임 인과 프레임 아웃하며 여러 가지 피사체를 순차적으로 보여 주거나 움직이는 피사체를 옆에서 따라가며 이동 방향과 속도를 표현할 수 있다.

달리샷 응용 - 달리 인/아웃, 풀백달리(Dolly In/Out, Pull Back Dolly)

화면의 중심이나 3분할 화면에서 주피사체를 강조하기 위하여 직선운동으로 전진하면서 촬영하는 기법을 달리인(Dolly In)이라고 하며, 일반 영상 촬영에도 사용되는 기법이다. 이와 반대로 주피사체에서 배경을 설명해 주는 샷으로 앵글을 넓게 카메라를 뒤로 이동하는 샷을 달리아웃(Dolly Out)이라고 한다.

지상에서는 촬영자가 레일을 설치하거나 직접 핸드헬드 기법으로 촬영을 하고, 항공촬영의 경우 기체에 장착된 카메라에 담긴 영상으로, 고도의 변화에 따라 지상에서 보다 다이내믹한 영상구현이 가능하다.

Dolly In

달리샷을 응용한다면 달리 인/아웃 중 고도를 높이거나 낮추어 화면의 깊이감을 더해 줄 수 있다. 달리아웃하면서 촬영하는 기법을 다른 말로 풀백(Pull Back)샷이라고도 한다.

이 경우 지상에서의 촬영보다 풍부한 영상을 얻을 수 있으며, 주제와 부주제에 대한 설명으로 지상의 촬영보다 다양하게 촬영할 수 있다.

Dolly Out

풀백 달리(Pull Back Dolly)샷은 후진으로 기동하면서 촬영하는 것이다.

Pool Back Dolly

그렇다면 만약 두 가지 촬영 중 하나만 촬영한 후 영상을 반대로 돌리면 되지 않겠느냐는 생각을 할 수 있을 것이다. 그러나 이때의 문제는 배경에 있다.

배경에 사람이나 차량들이 지나가는 부분이 있다면 뒷걸음질치는 영상이 될 것이다. 또는 사람이나 차량이 없다 하더라도 바람에 날리는 물체들이나 나뭇가지의 움직임, 바다나 호수에 일렁이는 물결의 움직임이 어색하게 보일 것이다. 다소 힘들더라도 최선을 다해 촬영하고 본인의 촬영스킬을 높일 수 있는 많은 연습이 필요하다.

트래킹샷(Tracking Shot)

직선비행 촬영 중 쉬운 예로는 트래킹샷이 있다. 트래킹샷은 길을 따라 이동하며 촬영하는 기법인데 주변의 다른 이동하는 물체들이 있으면 공간감을 더 풍부하게 보여 줄 수 있다.

트래킹샷은 보통 정면이나 직진으로 물체를 따라 같이 움직이거나 앵글을 약간 대각선으로 만든 후 화면에 보이는 길을 따라 이동하는 것이 일반적이다. 꼭 길이 아니더라도 직선주로에서 무언가 화면을 지나가는 모습이면 이에 해당할 수 있다.

Tracking Shot

다이아몬드비행 (Diamond Shot)

기본적인 촬영기동 중의 한 가지이기도 하며, 원주비행의 응용으로 비교적 넓은 지역의 경관 촬영을 할 때 기체의 기동을 사각형 혹은 다이아몬드형으로 구현하는데, 이때 카메라를 직부감(수직)으로 촬영할 경우 피사체의 규모를 확인할 수 있다.

다이아몬드 비행의 경로

다이아몬드 비행의 경우 시점을 정면으로 고정시켜 전체 경관을 보여 주는 방법과, 각 회전포인트에 맞추어 카메라 시점을 변경하여 촬영하는 방법의 두 가지가 있다. 그리고 각 포인트마다 고도를 다르게 설정하여 촬영할 수도 있다.

주로 산의 능선을 넘나들거나 중간에 건물이나 나무가 가로 막고 있는 상황에서 전체 공간을 설명할 때 용이한 촬영기법이다.

Diamond Shot

직선 비행 중 상하무빙(Move Up/Down, Pedestal, Pointing)

페데스탈은 본래 방송 스튜디오 내에서 바퀴가 달린 카메라 거치대에 방송용 EFP 카메라[60] 운용에 사용되었던 장치를 말한다. 이 장치는 고정된 상태에서 카메라가 상하로 움직이면서 피사체를 표현해 주거나 전후좌우로 이동하면서 상하무빙이 더해진 영상을 얻을 수 있어 보다 다이내믹한 표현이 가능하며 공간감 표현에 적합한 촬영기법이다.

건물의 높낮이나 깊은 계곡을 보여 줄 때 사용하며, 상하무빙과 전후진 혹은 상하무빙과 좌우 이동을 함께 활용하여 공간의 깊이를 풍부하게 표현할 수 있다.

직선비행과 상하무빙을 함께 활용하면 깊이감을 풍부하게 표현할 수 있어 계곡(협곡)의 깊이감 표현에 적합하다. 또한 고층건물이나 타워 같은 피사체의 촬영 시 배경과 피사체의 변화를 함께 보여 줄 수 있어 규모가 크거나 높은 피사체의 확보에 유용하게 활용될 수 있다.

무브 업/다운 패데스탈

---

60) 일반적으로 스튜디오 카메라는 EFP 카메라라고도 한다. Electronic Field Production의 약자로서 ENG 카메라와 크게 차이가 없지만 스튜디오에서나 중계 등에 사용된다. ENG 카메라에 비하여 바디를 포함한 렌즈부가 상당히 크고 배율 또한 크다. ENG 카메라는 휴대하여 뉴스나 드라마 다큐멘터리 등에 널리 사용할 수 있는 카메라를 말한다. 참고로 ENG는 Electronic News Gathering의 약자이며 카메라제어장치가 없다. 중계카메라는 카메라제어장치가 있어서 PD나 엔지니어가 중계차 또는 부조정실과 주조정실에서 카메라를 제어할 수 있다.

이 촬영 시 카메라의 각도는 거의 고정되어 있어 앵글상 상승이나 하강하는 이미지를 얻을 수 있다. 이때 안전을 위하여 부조종사가 반드시 기체의 위치나 방향을 조종자에게 알려 주어야 하며, 관제에 대한 업무 역시 일부분 담당하여야 한다.

Pedestal

일반적인 촬영 용어로는 달리인/아웃(Dolly In/Out)이나 무빙레프트/라이트 혹은 업/다운 (Moving Left/Right, Up/Down)과 비슷한 개념으로 이해하면 된다.

무브 업/다운 포인팅

Move Up & Down

페데스탈과 비슷한 촬영기법 중 무브포인팅이라는 것이 있다. 페데스탈과 다른 점은 페데스탈의 경우 시점이 고정되어 있지만, 포인팅은 고도의 변화에 관계없이 계속 피사체를 주시하기 때문에 고도의 변화에 따라서 피사체의 보이는 부분이 달라지게 된다.

틸트 업/다운(Tilt Up/Down)

전진 혹은 후진 비행 중 피사체가 앵글 안에 프레임인되는 순간 카메라의 짐벌을 틸업/다운하여 피사체를 앵글의 중앙 부분에 가두어 두는 촬영기법이다. 이런 촬영을 할 때는 피사체가 프레임에서 완전히 아웃될 때까지 지속해서 촬영하는 것이 영상의 기본촬영에 충실한 것이며, 이후 영상을 편집할 경우에 편집점을 결정하는데 많은 도움이 된다.

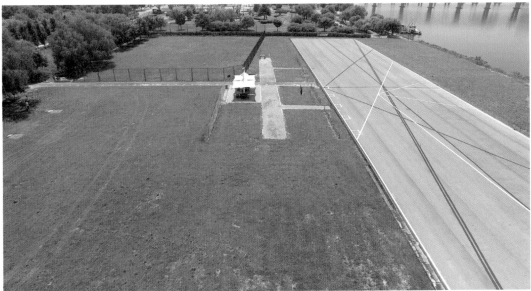

피사체를 틸팅 과정에서 중심에 넣는다.

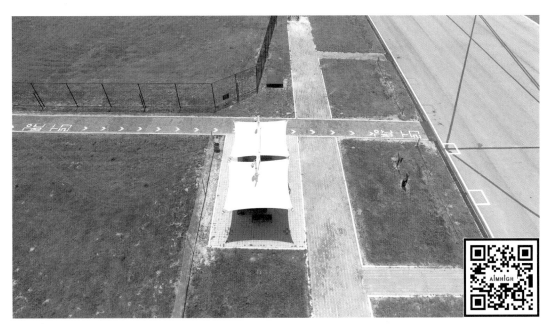

Tilt Up/Down Pointing

　　무브 업/다운의 포인팅과 비슷하나 기체의 움직임에 따라서 피사체가 처음부터 앵글에 보이지 않는 경우도 있다.

　　비행 시 프레임 속에 등장하는 피사체를 끝까지 주시할 필요는 없으며 프레임 아웃되도록 촬영하는 방법도 있다.

올려 보여주기(Tilt Reveal)

전진 혹은 후진하면서 카메라의 각도를 올리거나 내리면서 주피사체를 보여 주는 촬영기법으로 비교적 쉬운 촬영기법이다. 즉, 카메라가 아래로 향한 상태로 부주제를 촬영하면서 전진 비행 중 카메라의 각도를 올려 새로운 앵글 안에 주제가 되는 피사체를 보여 주는 방법이다.

혹은 카메라 앵글을 전방을 향해 전진비행하다가 피사체가 앵글 안에 적당한 크기로 확보되면 전진비행은 유지하되 피사체를 앵글 중심부에 유지하기 위해 카메라 방향을 아래로 향하게 하여 촬영하는 기법이다.

촬영 시 유의점은 기체의 비행 방향이 직선을 유지하도록 하는 것이다. 반대로 후진 비행을 할 경우 카메라 각도를 수평에서 수직으로 바꾸어 이동하다가 피사체가 앵글 안에 확보되면 기체의 움직임을 느리게 하거나 멈추어 피사체에 집중할 수 있도록 촬영한다.

약간 다른 기법으로 카메라를 약 45° 정도 아래로 두고 해당 앵글 안에 피사체를 둔 상태에서 그대로 기체를 후진시키면서 카메라의 각도를 서서히 수평에 맞게 움직이게 되면 피사체가 멀어짐과 동시에 보다 넓은 구역을 한꺼번에 보여 줄 수 있다.

직선비행은 상하, 전후진 촬영으로 화면 내에서 전체적인 길이를 표현하거나 높이를 표현하기에 적합한 촬영기법이다. 때로는 도로를 따라서 사선으로 비행하며 촬영을 하기도 한다.

Tilt Reveal

　　퍼레이드나 육상 경기의 중계를 담당할 때 전후진 비행과 함께 기체를 상승시키며 촬영을 하면 행사의 진행 방향과 함께 규모를 효과적으로 보여 줄 수 있다.

　　이 촬영에서 기체의 상승은 부드럽게 이어지도록 하고, 전체 내용을 담을 수 있게 카메라의 앵글(짐벌각도)을 조정해 준다.

비틀어 촬영하기(Coiling/Twist Shot)

비교적 쉬운 촬영 중 하나로 카메라를 90° 아래로 향하게 한 뒤 기체를 수직기동하면서 조종기의 회전조작으로 기체를 돌려가며 촬영하는 방법이다.

기체의 비행모양을 보면 마치 나사가 회전하는 듯 돌면서 상/하로 기동하는 모습을 보여 준다.

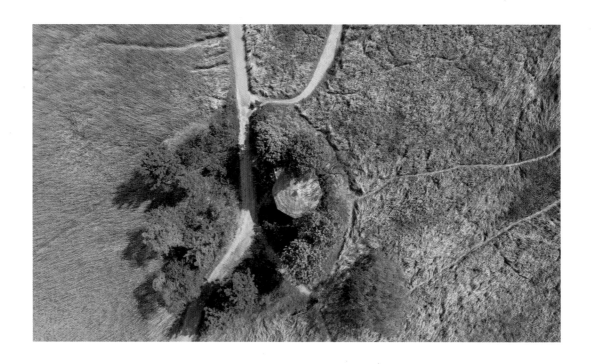

　이를 좀 더 응용하면 상승기동 중 피사체가 앵글 안에 모두 들어오면 직선비행으로 연이어 카메라를 틸업하면서 전진하는 비행과 연결할 수 있다.

　이럴 때 주제와 부주제가 나뉘어질 수 있는데, 처음 상승기동 중에 보여지는 피사체를 부주제로 보고 틸업하며, 전진비행할 때 2차적으로 나타나는 피사체를 주제라고 생각하면 된다.

　이를 응용하여 카메라의 시선을 지면과 수평이거나 약간 숙인 상태에서 회전하면서 상승 또는 하강하게 되면 고도의 변화와 함께 주변을 패닝하는 듯한 영상을 촬영할 수 있다. 이때 기체의 회전은 가급적 천천히 해야 보는 이로 하여금 안정적인 느낌을 줄 수 있다.

　물론 너무 천천히 회전한다면 지루한 느낌이 있을 수 있으므로 편집 툴을 사용하여 불필요한 부분은 DMC 편집으로 빠르게 스킵하여 지나갈 수 있다.

Twiist Up

팔로/체이서(Follow/Chaser)

팔로샷은 말 그대로 피사체의 움직임을 따라 가는 촬영기법이다. 가장 기초적인 것은 추적을 뜻하는 체이싱뷰라는 것인데 바로 뒤에서 따라 가는 영상을 말한다. 이것을 응용하여 대각선으로 팔로하거나 바로 옆 혹은 바로 위에서 따라가는 샷도 모두 해당된다.

주로 1인 모드의 기체나 2인 모드 기체를 카메라 팔로기능으로 설정한 후 촬영하는 촬영기법이다. 참고로 팔로(Follow)는 기체의 비행 방향과 카메라 시점이 일치하여 촬영하는 것을 말한다.

Follow Me

플라이 스루(Fly Through)

비행이 노련한 사람이 도전해 볼 만한 영상이 바로 플라이 스루(Fly Through)샷이다. 기체를 교각 하단이나 터널 등을 통과시키며 촬영하는 기법으로 기체가 하단으로 진입하는 순간 GPS 신호가 확보되지 않으므로 비행에 각별한 주의를 요하게 된다.

레이싱드론이나 FPV 비행 경험이 많은 사람들에게는 어렵지 않게 촬영할 수 있는 기법 중 하나이다. 고글을 이용해 촬영할 수도 있지만, 모니터로 영상을 보며 육안으로 기체의 비행을 함께 확인하는 것이 비교적 안전한데 조종자마다 약간의 차이는 있을 수 있다.

항공촬영에서 교각이나 터널 등의 하단을 통과하는 방법을 배울 때 가장 중요한 것 한 가지는, 일단 기체와 조종기 간 전파가 소통되어야만 조종이 가능하다는 것을 염두에 두어야 하며, 또한 이에 앞서 반드시 확인해야 할 사항은 GPS(Global Positioning System) 신호를 확보하는 것이다. 이 GPS 신호는 기체가 어떤 좌표지점을 비행하고 있는가를 확인할 수 있는 도구이다.

플라이 스루 샷의 가장 기본적인 이미지

쉽게 설명하면 자동차 운전을 할 때 흔히 사용하는 네비게이션은 현재 차량의 위치와 목적지까지의 경로를 파악하는데 도움을 주듯이, 이 GPS 신호는 우리가 눈으로 볼 수는 없으나 인공위성으로부터 전파를 받아 기체의 위치를 확인할 수 있게 해 준다.

실제로 대한민국 영역 범위에서 확인할 수 있는 위성은 수십 가지에 이른다. 그러나 군사목적 등 기밀성을 갖는 위성 말고 민간이 사용할 수 있는 위성은 제한적이다.

어쨌거나 이 위성으로부터 자신의 위치를 파악하기 위하여 GPS 신호를 수신하는 장치가 드론에 장착되어 있으므로, 기체는 이 신호를 수신하여 안정적인 비행이 가능하게 된다.

그러나 교각 하단이나 건물 내부로 들어가게 되면 이 신호를 확인할 수 없게 된다. 이에 따라서 기체가 안정적으로 기동할 수 없게 된다. 이때 기체 조종자는 자세모드(Attitude Mode)나 수동조작모드(Manual Mode)로 조종하면서 촬영해야 하며 숙련된 조종자가 아니면 어려운 기동이다. 따라서 이러한 기동이 필요한 촬영에는 가급적 기체의 상태와 위치를 파악할 수 있는 보조 파일럿과 같이 하거나 2인 모드로 작업하여 기체를 안정적으로 기동하는 것이 중요하다.

이때 사전 리허설은 당연히 필요하며 통과요령은 고도유지에 신경 쓰면서 중간에 머뭇거리지 말고 한 번에 통과하며 촬영해야 안전하다.

하단 통과 촬영은 주로 직선비행을 위주로 이루어지며, 필요에 따라서는 기체에 별도의 거리감지기(Sonar)를 장착하여 충돌에 대비할 수도 있다.

기체를 통과시킬 때는 전진 혹은 후진을 해야 하는데, 필요에 따라서 전진과 후진 모두 필요할 때도 있다. 이런 경우 영상을 반대로 돌리려는 생각을 할 수 있는데, 화면에 보이는 차량이나 사람들의 움직임을 보게 되면 뭔가 부자연스럽다는 것을 알게 될 것이다. 사람이나 지나가는 자동차가 없다고 하더라도 나뭇가지나 주변 사물이 바람에 흔들리는 모습은 여전히 부자연스러울 것이다. 물론 항공촬영이 힘들고 어려운 상황이 될 수 있겠지만 성실하게 모두 촬영해 두어야 좋은 영상을 얻을 수 있다.

플라이 스루 연습은 쉬운 것부터 시작하면 좋다.

Flying Through

Flying Through & Pool Back

토끼뜀 촬영(점핑샷, Jumping Shot)

이 용어는 좀 우습게 들릴 수도 있으나, 비행기동을 할 때 비행 중 앞이나 옆의 장애물이 있을 경우 그 장애물들을 자연스럽게 넘어가면서 촬영하는 방법이다.

주로 담 넘어 내용을 촬영하고자 할 때 사용하며 물체를 넘어 지나면서 다시 원래 고도로 기체를 낮추어 주거나 높아진 고도를 유지하기도 한다.

점핑샷 좌/우 이동순서

점핑샷 전/후진 이동순서

　점핑샷(Jumping Shot)의 시선은 보통 눈높이 정도나 그보다 약간 높게 보여 준다. 이때 주의 사항은 담장 같은 장애물을 넘나들 때 조종기와 전파 송수신이 끊기지 않도록 비행경로 전체를 확인할 수 있는 장소에서 컨트롤하는 것이 중요하다.

Jumping Shot

복합기동

복합기동이란 단순한 직선비행이나 곡선비행에서 벗어나 고도와 거리 등 두 가지 이상의 비행을 함께 하는 것으로, 3차원 공간(3D)에 대한 표현을 할 수 있으며 입체비행에 대한 개념적 이해가 필요하다.

POI 중 고도를 변화시켜 큰 스프링 모양으로 기동하는 방법과, 고도는 고정시킨 채 피사체와의 거리를 좁히거나 넓혀 가며 촬영하는 방법이 있다.

전자의 경우에는 거대한 빌딩이나 타워의 촬영에 용이하며, 기체가 피사체의 뒤편으로 갔을 경우 조종자와 전파의 끊김이 없도록 각별히 주의해야 한다. 보통 피사체의 가장 상위보다 높게 날려 직선거리상 전파가 통하도록 촬영하는 것이 좋다.

후자의 경우에는 보다 넓은 지역에서 피사체를 부각시킬 때 사용하는 기법으로 공간의 표현이나 피사체를 표현하는 데 효과적이다.

복합 기동 중 다이내믹한 공간표현을 할 수 있는 기동 중의 하나로, 전체 비행경로를 보면 깔때기 모양의 기동이며, 전체 공간과 거리 등을 하나의 샷으로 모두 표현할 수 있다.

이 Funnel Shot은 상당한 비행기술이 필요하며, 1인 모드보다는 2인 모드의 촬영 시 그 빛을 발할 수 있다.

여기까지 항공촬영의 기본적인 비행을 정리하여 보았다.

이제부터는 1인 모드보다 2인 모드일 때 더욱 효과적인 비행기법인 원주비행(POI, Point Of Interest)을 응용한 촬영기법을 살펴보기로 하자. 우선 이 POI 촬영을 하기 전 기초가 될 수 있는 아크비행을 연습해 보자.

아크샷, 반원비행(Ark Shot)

아크샷은 말 그대로 아크(Ark) 형태로 비행경로를 만들어 기동하는 촬영기법이다. 보통 반원 모양으로 비행하며 촬영을 하는데, 이때 카메라의 각도는 반원의 내부를 보는 샷과 외부를 바라보는 샷을 공간에 맞추어 적절하게 구성하여 촬영하면 된다.

1인 모드 촬영이면 비행 조작을 회전(Yawing)하는 방향과 기체 이동 방향이 같은 경우 외부를 바라보는 아크샷이 되며, 회전 방향과 반대 방향으로 조작할 경우는 반원의 중심을 향하여 촬영하는 샷이 연출될 수 있다.

  비행 시 주제와 부주제를 설정한 후 화면에서 부주제를 먼저 앵글 안에 보여 주고, 이후 주피사체를 반원을 돌면서 더 자세하게 묘사해 준다.

  그리고 간혹 POI 촬영 시 피사체의 반대편에서 컨트롤하기 어렵거나 상황이 허락하지 않는 경우에는 어쩔 수 없이 반원비행으로만 촬영하는 경우도 있다.

  이때 단순한 반원(아크)비행이 아니라 상승이나 하강을 함께 사용하여 다이내믹한 앵글을 보여 주기도 하는데, 전후진이나 좌우 달리(무빙)와 함께 조합(낚시바늘 모양)하여 사용하면 한꺼번에 다양한 모습을 보여 줄 수 있다.

Ark Shot

아크샷은 POI의 전단계로서 피사체의 전체 모습을 보여 주기가 어렵거나 그 이상의 묘사가 필요 없다고 판단될 때 사용된다.

아크샷의 전후 단계에서 직선비행이 함께 연결된다면 보다 다이내믹한 공간연출이 될 수 있으며, 하나의 컷 안에 전체 공간을 더 자세히 설명해 줄 수 있다.

아크샷을 배웠으니 이제 본격적으로 POI가 무엇인지 살펴보기로 하자.

관심점 비행 – POI(Point of Interest)

관심점 비행은 한마디로 항공촬영의 꽃이라 표현할 수 있으며, 원주 비행 혹은 선회 비행이라고도 한다. 고도의 비행기술이 필요하며 가장 다양한 표현이 가능한 항공촬영 기법이다.

이 POI 촬영은 피사체 주위를 원형으로 돌면서 촬영하는 것이며, 최근 출시되는 취미용 드론의 소프트웨어에는 이 기능이 내장되어 있는 제품도 있지만 직접 촬영하는 비행의 재미에는 비할 바가 아니다. 그리고 가끔 피사체를 정확이 포착하지 못하는 오류를 범하기도 한다.

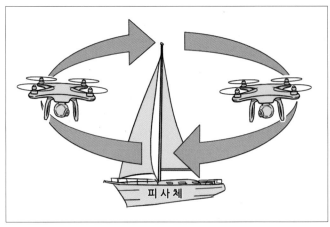

POI 기본개념도. 피사체를 중심으로 원주비행을 하며 전체 모습을 촬영한다.

POI 촬영을 위해서는 우선 기체가 어떻게 기동하는가에 대한 기본적인 이해가 필요하다.

1인 모드는 일단 촬영하려고 하는 피사체를 화면의 중앙에 위치하도록 하고 에일러론(Aileron) 키를 좌나 우로 하면 화면에서 한쪽 방향으로 피사체가 이동하려는 것을 알 수 있다. 이때 러더키를 에일러론하는 방향의 반대 방향으로 움직이게 되면 화면 중심에서 피사체가 벗어나지 않고 주변 배경을 포함한 피사체의 전체 모습이 화면 안에서 한 바퀴 돌면서 보여지는 것을 확인할 수 있을 것이다.

1인 모드의 경우 조종기 스틱을 세밀하게 움직여야 화면이 흘러가듯 자연스럽게 보인다.

2인 모드는 촬영을 담당하는 조종자가 피사체를 화면 안에서 연출할 때 반드시 기체 조종자에게 자신의 진행 방향에 대하여 사전설명을 해야 하며 촬영 중에도 수시로 촬영의 다음 단계를 알려 주어야 매끄러운 흐름의 촬영을 할 수 있다.

POI 촬영은 우리가 흔히 아는 원주비행을 떠올리면 쉬울 것이다. 그러나 간혹 기체의 방향이 함께 돌아가는 원주비행이 아니라 기체는 계속 정면을 바라보며 기체의 위치만 원을 그리면서 기동하는 경우도 있다. 이럴 때는 기체의 방향이 반드시 정면으로만 있기 보다는 POI 촬영 이후 바로 이어지는 기동 방향에 맞추어 비행할 수도 있다.

POI

POI 응용에는 크게 고정 피사체와 이동하는 피사체의 두 가지로 나뉘어진다.
우선 고정 피사체를 촬영하는 방법을 살펴보기로 하자.

POI 응용

고도변화 + POI(Move up POI)

코일링 비행이라고도 하며 전체적인 경로는 거대한 나사산을 따라가듯 비행하며 촬영하는 기법이다.

탑과 같은 구조물의 주위를 용수철처럼 돌며 상승해 나가는 것으로 피사체는 물론 함께 보이는 배경까지 영상의 중요한 요소가 된다.

대체로 한 지역의 랜드마크나 피사체가 큰 물체일 경우 전체 규모를 한꺼번에 보여 줄 수 있다.

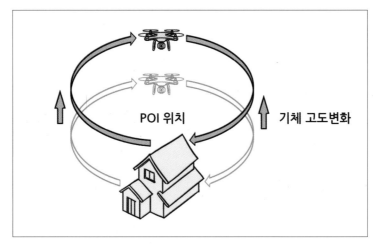

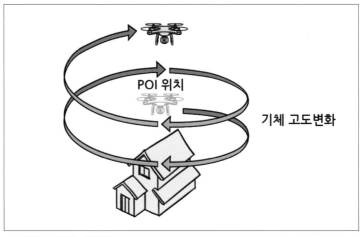

고도변화 + POI의 비행경로

POI & Altitude

거리변화 + POI(Pool POI)

촬영하는 공간 속 거대한 태엽을 따라 원주비행하며 촬영하는 기법이다. 촬영 시 거리를 좁혀 가거나 넓혀 가면서 촬영한다.

좁혀 가면서 촬영하면 서서히 피사체가 부각되는 촬영을 할 수 있고, 반대로 거리를 넓혀 가며 촬영하면 중심 피사체로부터 전체 공간을 설명할 수 있다.

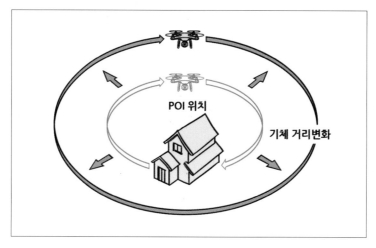

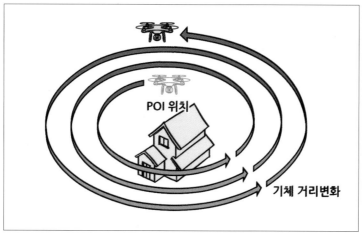

거리변화 + POI의 비행경로

거리변화 + 고도변화 + POI(Funnel Shot)

촬영하는 공간 속 거대한 태엽을 따라 원주비행하며 촬영하는 기법이다. 촬영 시 거리를 좁혀 가거나 넓혀 가면서 촬영한다.

좁혀 가면서 촬영하면 서서히 피사체가 부각되는 촬영을 할 수 있고, 반대로 거리를 넓혀 가며 촬영하면 중심 피사체로부터 전체 공간의 설명을 넓고 깊게 표현할 수 있게 해 준다.

이 촬영은 단순한 거리의 변화보다 공간감을 더 풍부하게 표현할 수 있게 된다.

거리변화 + POI가 2차원적 촬영이라면 거리변화 + 고도변화 + POI는 3차원적 촬영이라 할 수 있다.

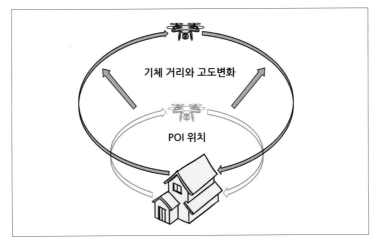

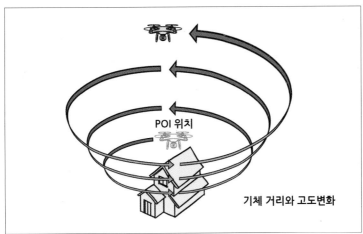

Funnel Shot의 비행경로

POI & Distance

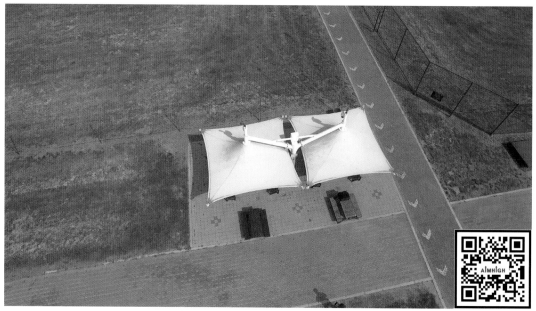

POI & Funnel

직선비행 + POI, 어프로치 앤 포인트 어라운드(Approach & Point Around)

직선비행 중 피사체가 앵글 안에 다가가도록 기체를 이동시킨 후 해당 피사체를 중심으로 POI 기동을 하여 주제를 부각시켜 촬영한다.

이때 주의사항은 직선비행과 POI 기동 사이의 화면의 움직임이 유기적으로 자연스럽게 이어져야 한다.

직선비행 + POI 예제

주제가 되는 피사체를 효과적으로 보여 주는 기법으로 피사체 원주를 한 바퀴 기동한 이후 프레임의 다른 방향으로 비행하여 프레임 아웃시키는 복합기동을 하기도 한다.

Approach & POI

특히, 1인 모드 비행일 경우 POI 진입동작을 미리 준비하는 것이 화면의 움직임을 부드럽게 구사할 수 있다.

다음은 이동하는 피사체를 촬영하는 방식인데, 비행경로를 보면 마치 스프링을 늘려 놓은 듯한 경로를 그리며 촬영을 하게 된다. 이 촬영은 고도의 비행기술과 촬영기술이 함께 필요하다.

1인 모드로 촬영하기에는 다소 어려운 부분이 있으며, 2인 모드로 해야 정확한 포인트를 잡아 촬영할 수가 있다.

팔로 어라운드(Follow Around)

다소 난이도가 높은 촬영기법으로 움직이는 피사체를 따라 POI 샷을 구현하는 것이다. 전체적인 비행경로는 피사체의 움직이는 경로를 따라 가고 기체는 계속 POI 촬영을 하게 되므로 1인 모드보다는 2인 모드로 촬영하는 것이 보다 용이하다.

이때의 비행경로는 스프링을 옆으로 늘려 놓은 듯한 비행경로를 보이며, 카메라는 계속 시계(반시계) 방향으로 회전하는데 피사체를 화면에 잡아 두며 촬영을 한다.

또한 피사체의 속도에 따라서 나선모양의 비행은 반원이 연속으로 이어진 모양으로 비행경로가 만들어지기도 한다.

Follow & Around 비행경로

Follow & Around

촬영 시 유의할 점은 한 번의 비행으로 만족할 만한 샷을 얻기 어려울 수 있으므로, 사전 리허설 촬영을 충분히 거친 후 본 촬영에 임하는 것이 좋다. 리허설 촬영 시에도 혹시 모를 상황에 대비하여 영상촬영 데이터는 보관하는 것이 추후 영상편집을 할 때 보완할 수 있는 이미지 확보에 도움이 될 것이다.

POI 샷을 응용하면 혜성의 경로처럼 멀리서 다가와 피사체를 한 바퀴 보여 주고 다시 다른 곳으로 멀어지는 Hook Shot이나 앞서 설명했던 단순한 기동과 POI Shot을 연결한 촬영을 한다면 삼차원 공간을 자유롭게 표현할 수 있을 것이다. 다만 그것의 구현을 위해 많은 시간과 노력을 투자하여야 가능하다.

서두에서 언급했지만 본 책에서는 누구나 쉽게 다가갈 수 있도록 비행의 안전수칙과 기본적인 기동을 위주로 설명하였다. 다른 항공촬영의 전문가들이 보기에는 상당히 부족하고 일부 표현들은 유치하게 느껴질 수도 있겠지만 UAV를 활용한 항공촬영의 확대를 쉽게 하고자 저술한 것이므로 넓은 마음으로 이해를 부탁드린다.

책을 마무리하며

이 책의 서두에서 밝혔듯이 항공촬영에서는 포토샵을 이용한 파노라마 작업, 보정, 합성 등이 가능하고 기본적인 항공촬영에 많이 활용되고 있으며, 이는 스틸샷을 다루는 가장 기본단계로서 여러 분야에 응용되고 있다. 또한 항공촬영의 대부분을 차지하는 이미지가 영상인 만큼 영상 편집 툴과도 연관짓지 않을 수 없다.

보편적으로 많이 쓰이고 있는 프로그램들은 Adobe Premiere, sony vegas, EDIUS, Final Cut 등으로, 사용하는 방법은 모두 대동소이(大同小異)하나 각각의 특장점이 있으므로 사용자가 본인의 스타일에 맞는 프로그램을 구매해서 사용하는 것이 바람직하다.

참고로 몇 가지 더 설명을 하면 360˚ 영상의 스티칭과 편집을 가능하게 하는 kolorpano와 같은 프로그램은 물론, 최근 부상하고 있는 3D 매핑 소프트웨어인 pix4d와 같은 제품들은 기존의 단순한 평면적인 이미지를 보다 입체적이고 사실적인 표현이 가능하게 해 주는 툴이다.

이 도구들을 항공촬영과 함께 활용한다면 지형도, 안전관리, 유지보수, 치안 등 여러 산업 분야에서 더욱 발전시켜 나갈 수 있을 것으로 여겨진다.

자, 이제 밖으로 나가서 지금까지 배운 것들을 하나씩 적용시켜 보도록 하자.
혼자 나가는 것보다는 2명 이상이 현장에 나가서 각자의 의견도 교환하며 2인 모드의 매력에 빠져보는 것도 좋을 것이다.

필자는 아직도 기억나는 것이 있다. 어릴 적 RC카나 RC비행기를 가지고 있는 사람을 보면 정말 부러웠다. 그러나 가정 형편상 그런 것들은 그냥 남의 일로, 부러움의 대상으로, 성인이 되어서까지 한동안 그 생각은 잊고 살았고, 학교 때 단지 한번 시도했던 고무동력기가 고작이었지만 그래도 엄청 만족했던 기억이다.

학교에서 친구들과 고무동력기를 날릴 때면 제법 멀리 날아갔던 것 같다. 그렇게 시간이 흘러 학교를 졸업하고 사회생활을 하게 되면서 방송직을 처음 접하게 되었고, 지금의 나는 촬영용 드론을 날리고 있다.

항공촬영을 처음 배우려고 하던 때 촬영감독이었던 지인의 드론에 시동을 걸었던 순간의 떨림은 아직도 내 손가락 끝에 남아 있다.
물론 처음 비행은 이륙 후 단순한 직선비행으로 끝났지만, 어릴 적 처음 썰매를 타고 내달리던 때의 짜릿한 흥분과 교차될 만큼 멋진 경험이었다. 그리고 성인이 되어서 처음 운전면허를 땄을 때의 긴장과 설렘이 함께 있는 묘한 즐거움이었다.

지금은 첫 비행 녹화한 영상이 어디에 있는지 찾아 볼 수도 없지만, 그 기분만은 잘 간직하고 있다. 이후 직접 기체를 구입해서 손수 짐벌과 기체의 세팅을 손보는 것 또한 새로운 즐거움이었는데, 모르는 것들을 한 가지씩 배워 나가면서 자신만의 노하우를 만드는 재미는 마치 어린아이가 처음 말을 배우고 사물에 대한 지식을 흡수하는 것에 견줄 수 있다.

지금은 처음 배울 때보다 많이 조심스럽게 비행을 한다. 이전에는 '선무당이 사람 잡는다'는 말처럼 처음에는 그저 재미로 마구 날렸던 것 같다.
이제는 안전에 대한 지식을 깨달았고, 비행금지공역과 위험한 상황이 무엇인지도 알게 되었다. 그리고 매체를 통해 몇몇 드론 관련 사건사고를 접하기도 하면서 점점 조심스러워지게 되었다. 역시 옛 선배들 말씀대로 알면 알수록 겁이 많아지나 보다.

더불어 다른 사람이 볼 때 아주 완벽한 비행이나 완벽한 촬영은 아닐지라도 취미나 새로운 사업에 뛰어 들려고 하는 사람들에게 조금이나마 도움이 되는 유용한 이야기가 되었으면 한다.
이 책을 접하는 모두가 조종자 준수사항을 포함한 비행에 대한 안전과 항공법규들을 준수하며 멋진 항공 촬영자가 되어 즐길 수 있기를 희망한다.

참고문헌

- 국토교통부 항공안전정책과(2019), 국토교통부 초경량비행장치 조종자 표준교재
- 유대선, 지자기교란 예보를 위한 CME 지구 도달 예측 기술연구, 국립전파연구원
  https://www.rra.go.kr
- 우주기상예보센터, 국립해양대기관리국
  https://www.swpc.noaa.gov
- 우주전파센터
  https://spaceweather.rra.go.kr
- 항공교육훈련
  https://www.kaa.atims.kr
- 국토교통부
  http://www.molit.go.kr
- 항공청
  http://www.molit.go.kr/sroa/intro.do
- 위키백과사전
  https://en.wikipedia.org
- 공간정보와 인터넷 지도
  https://www.internetmap.kr/entry/ESC-OPTO-vs-BEC

드론 항공촬영의 모든 것

초 판 발 행	2019년 9월 16일
발 행 인	박영일
책 임 편 집	이해욱
저 자	고경모
편 집 진 행	윤진영 · 최 영
표지디자인	조혜령
편집디자인	조혜령
발 행 처	시대인
공 급 처	(주)시대고시기획
출 판 등 록	제10-1521호
주 소	서울시 마포구 큰우물로 75 [도화동 538 성지 B/D] 9F
전 화	1600-3600
팩 스	02-701-8823
홈 페 이 지	www.edusd.com
I S B N	979-11-254-6081-7(13550)
정 가	25,000원